Eva Windisch
Mit Hunden sein II
Philosophie und Technik

Nicht der Mensch sollte der Lehrer der Hunde sein – die Hunde sind die Lehrer des Menschen.

Inhalt

VORWORT

In meinem ersten Buch „Mit Hunden sein – Ein anderer Weg“ ging es primär um artgerechte Haltung im Sinne des Hundes. Da begann ich gerade meine Arbeit als Hundehaltertrainerin.

Ich brachte Begriffe wie Entspannung, Vertrauen, Bindung, Beziehung, Innigkeit und Harmonie in die Hundeszene, die auch gerne von anderen Trainern benutzt wurden. Gut, wenn diese dann auch zum Wohle des Hundes eingesetzt werden, und den Menschen langsam klar wird, dass das Herumdoktern an Symptomen, wie es immer wieder im Fernsehen mit oder ohne Promis gezeigt wird, langfristig nichts ändern wird.

Solange die Menschen versuchen die Fehler beim Hund zu suchen und diese an ihm zu beheben, anstatt an sich selbst zu arbeiten, wird sich nicht groß etwas ändern.

„Mit Hunden sein" ist keine Methode, deswegen fällt es mir auch schwer, hier so eine Art „Gebrauchsanweisung" zu schreiben. Meine Arbeit ist kreativ und fordert daher auch vom Besitzer ein zu lernendes Maß an Kreativität. Denn nur in der Kreativität kann überhaupt eine Kommunikation und ein ständiges miteinander Wachsen zustande kommen. Leider behindert unser Alltag, in dem wir tagtäglich rund um die Uhr funktionieren müssen unsere Kreativität. Es ist unsere Aufgabe, dies zumindest zu erkennen, dann ist schon mal ein Anfang machbar.

„Wenn der Hund Das und Das macht, dann mache Dieses und Jenes", das geht nur bedingt. Für jedes Problem gibt es viele Lösungsansätze, die es selber zu finden gilt. Diese hängen ab von der bereits bestehenden Beziehung, von Rang und Alter des Hundes, von seinem Charakter, von seinen Erfahrungen im Leben – und vor allen Dingen vom Hundehalter.

Mit diesem Buch in Kombination mit der beiliegenden DVD kann ich Ihnen nur ein Quäntchen der Möglichkeiten vorstellen und nur einen kleinen Ausschnitt meiner Arbeit mit den Hunden anbieten. Daraus zu schöpfen und sich weiterzuentwickeln – das ist wiederum Ihre Aufgabe. Bei mir lernen Sie die Vokabeln, das Gespräch mit Ihrem Hund dürfen Sie selbst führen.

Eva Windisch,
Dezember 2012

Vom Nichtswollen – Die Wahrnehmung

Sich vor einen Hund stellen und einfach nichts von ihm wollen fällt den meisten Hundebesitzern unglaublich schwer.

Probieren Sie es:
Stellen Sie sich in einer neutralen Position vor ihren angeleinten Hund, die Füße hüftbreit (also eine Fußbreite Abstand zwischen beiden Füßen) parallel ausgerichtet, beide Füße gleichmäßig belastet. Lassen Sie die Knie locker, die Po- und Oberschenkelmuskulatur locker, die Schultern locker, die Arme hängen, die Finger locker, das Brustbein nach innen sinken, und atmen sie tief in den Bauch. Atmen Sie ruhig und mit einem geräuschlosen HAAAAAAAHHHHH aus. So benutzen Sie keinen einzigen überflüssigen Muskel in Ihrem Körper und sind komplett entspannt. Entspannen Sie Ihre Gesichtszüge und setzen Sie dann ein freundliches Lächeln auf.

Bauen Sie das immer wieder mal in Ihren Alltag ein, wenn sie z.B. gestresst sind. Es bewirkt Wunder, senkt den Puls und den Blutdruck.

Blicken Sie gelassen und gütig auf Ihren Hund und warten Sie bis er sie überhaupt erst mal wahrnimmt. Es kann eine Minute dauern, 5 Minuten, eine halbe Stunde oder auch eine ganze Stunde.

Und da haben Sie schon Ihre kleine persönliche Messlatte, wie es um Ihre Bindung, um Ihre Wichtigkeit zu ihrem Hund steht. Blickt er Sie sofort an – super! Blickt er Sie an und setzt sich hin – hervor-

Falsch:
Steife Knie, angehobenes Brustbein, zuammengezogene Schulterblätter, zusammengezogene Pobacken, fixierender Blick

Richtig: Alles ist locker. Findet sogar Kimba, meine Katze.

ragend!!! Blickt er Sie an und legt sich hin – wunderbar! Er zeigt Ihnen durch den Blickkontakt, dass Sie ihm wichtig sind, dass Sie es wert sind, auf Sie zu achten.

Wir stehen also immer noch vor dem Hund. Er blickt vermutlich nach rechts, nach links, zieht ein bisschen in alle Richtungen, beziehungsweise will weg, weil er Sie eben gar nicht wahrnimt. Sie bleiben einfach stehen. Geben Sie nicht mit der Hand nach, wenn er zieht, sondern bleiben Sie einfach unbeeindruckt und locker entspannt, aber konsequent stehen. Wie ein Anbindepfosten – aber ein gelassener, gütiger Anbindepfosten, der sein Augenmerk beschützend aber nicht fixierend auf den Hund richtet. Und wie gesagt, es kann sehr lange dauern, bis Ihr Hund entdeckt, wer da am anderen Ende der Leine steht. In der Regel wird er rumhibbeln und dann aber nach und nach Ihre Ruhe aufnehmen und schließlich selber in die Ruhe kommen. Er wird Sie anblicken und Sie das erste Mal in seinem Leben wirklich wahrnehmen.

Dies ist ein Blickkontakt, der vielen Hundehaltern erst einmal Gänsehaut macht, weil es ein Blickkontakt ist, der weit über das bloße Registrieren oder den typischen devoten Hundeblick herausgeht. Sie beide sind in dem Moment

Und hier ist der Blickkontakt des Hundes zur Besitzerin nach deren eigener Entspannung

offen füreinander – und da beginnt Ihre Kommunikation.

Loben Sie ihn, geben Sie ihm ruhig ein Leckerchen oder gehen Sie in die Hocke und streicheln ihn, aber bleiben Sie dabei ruhig. Das Leckerchen ist keine Belohnung für erwünschtes Verhalten, also keine Konditionierung, sondern ein gemeinsames Genießen des Moments. Wie das Anstoßen mit Champagner mit Freunden.

Machen Sie das vorerst vor jedem Spaziergang, und sehen Sie es als eine kleine Meditation zwischen Ihnen und Ihrem Hund, ein kleines „Hallo“ Sagen, ein „es gibt mich“ Sagen. Sie zeigen ihm damit, dass Sie nichts von ihm wollen, und das wird für Ihren Hund eine einmalige Erfahrung sein. Denn Menschen wollen immer irgendetwas von ihrem Hund. Erst dann ist er wirklich bei Ihnen und bereit für den ständigen Dialog.

Genießen Sie die Erfolge mit Ihrem Hund! (Natürlich nicht mit Alkohol sondern mit einem Leckerli!)

Bedenken Sie: Wenn Ihr Hund Sie nicht einmal beachten will, wenn Sie ihm Entspannung signalisieren, wie soll er Ihnen denn dann draußen im Freilauf unter Ablenkung zuhören wollen?

Machen sie sich interessant durch das Nichtswollen und durch Ihre Ruhe.

Die Zeit, bis dieser Blickkontakt stattfindet, wird sich von Mal zu Mal verkürzen – wenn Sie es konsequent durchziehen. Schenkt Ihnen Ihr Hund den Blickkontakt, reizen Sie das aber bitte nicht aus. Also nicht stundenlang gegenseitig in die Augen starren, sonden ein kurzes Zublinzeln, und dann gehen Sie entweder los oder sagen Sie etwas Nettes zu Ihrem Hund und widmen sich dann anderen Dingen.

Beantworten Sie jeden Blickkontakt Ihres Hundes mit einer Zuwendung, sonst stellt er die Kommunikation mit Ihnen irgendwann einmal ein.

Tragen Sie im Beisein Ihres Hundes keine Sonnenbrille.

Amy blickt Inken erwartungsvoll an. Dadurch, dass sie ruhig und entspannt stand, wurde sie für ihre Hündin interessant.

Aufmerksam und aufnahmebereit wartet dieser Hund auf den nächsten Schritt.

Im Ernst – der Hund wird Ihren Blickkontakt nicht finden. Und der Blickkontakt ist sehr wichtig für einen Hund. Es ist das ständige Rückversichern seinerseits, dass Sie noch der Ansprechpartner sind. Und auch ihn so wahrnehmen wie er Sie wahrnimmt.

Und bitte: Starren sie ihn nicht mit weit aufgerissenen Augen an, fixieren sie ihn nicht sondern blicken sie mit sanften weichen gütig lächelnden Augen. Anstarren ist eine Drohgeste, eine Kampfansage und dient der Einschüchterung des Gegenübers.

Wir erinnern uns an das Wort Konsequenz im ersten Buch. Konsequenz ist mit eines der wichtigsten Prinzipien im Zusammensein mit dem Hund. Damit meine ich nicht das konsequente Durchziehen von Regeln, sondern das konsequente im Hier und Jetzt sein. Wenn Sie heute den tollen souveränen Rudelführer spielen, aber morgen keine Lust darauf haben, weil Sie in Gedanken bei dem neuen Projekt im Büro oder beim Hausputz sind, dann kann Ihr Hund Sie nicht ernst nehmen. Wer so flatterhaft ist, dem schenkt man auch nicht sein ganzes Vertrauen, dem kann man sich nicht völlig hingeben.

Es kommt der Punkt, wo der Blickkontakt von Halter und Hund jederzeit entsteht, weil beide nur darauf warten. Eine einmalige Bindung ist entstanden, die einem niemand mehr nehmen kann. Es ist etwas Einzigartiges zwischen Ihnen und Ihrem Hund gewachsen. Daher müssen Sie diese kleine Zeremonie nicht ständig und auf Lebenszeit praktizieren, sondern Sie blicken Ihren Hund an – er wird zurückblicken, Sie sprechen ein kleines Lob als Zeichen des Erkennens aus, und Sie beide ziehen los. Dieser Blick, den Ihr Hund Ihnen da schenkt, ist ein völlig anderer Blick, als der bereits erwähnte typische devote Hundeblick, den man so von Hunden kennt, der sogenannte Dackelblick. Da ist kein Leben, kein Esprit, kein Interesse – außer am Leckerli.

Dieses sich Erarbeiten des Blickkontaktes durch die eigene Ruhe und Gelassenheit erfordert Durchhaltevermögen, und Durchhaltevermögen ist ein Attribut, welches ein gutes Leittier auszeichnet. Und mit der Grund, warum Ihr Hund Sie auf einmal so interessiert anblickt.

Merken Sie jedoch, dass der Hund nicht ruhiger sondern

durch dieses für ihn ungewöhnliche Verhalten Ihrerseits aufgeregter wird, dann wählen Sie zunächst Plan B:

Sie stellen sich eine Anbindestange vor, die von der Decke hängt. Sie dürfen Ihren Hund mit der Leine mit der Hand über ihm von oben festhalten, so dass Sie ungefähr an einer Stelle bleiben. Und jetzt stellen Sie sich genau vor den Hund, Ihr Brustbein auf sein Brustbein gerichtet, aber rücken Sie ihm nicht allzu dicht auf die Pelle. Wenn Sie Glück haben, blickt er Sie sofort erstaunt an. Tut er es nicht und dreht sich weg, sind Sie flink aber gelassen und stellen sich wieder mit mög-

Der erhobene Arm hält den Hund an einer Stelle. Schon hat Margaret die Aufmerksamkeit ihrer Hündin....

..die sich genau vor sie hinsetzt, damit ihr nichts entgeht.

lichst nur 2 Schritten wieder genau vor sein Brustbein. Immer Ihre Hand als Korrektur, um den Hund ungefähr an der gleichen Stelle zu halten, sonst wandern Sie beide lustig planlos durch die Gegend, bis Sie im Straßengraben oder im Gebüsch landen. Dreht er sich wieder weg, stellen Sie sich erneut genau vor sein Brustbein - wie eingangs geübt, die Füße parallel hüftbreit, Po und Beine locker, Bauch locker, Schultern schwer hängen lassen. Die Kunst dabei ist, von diesem flinken Schritt und dem hüftbreiten Schließen der Beine sofort, wenn Sie vor ihm stehen, in die totale Entspannung zu fallen. Wichtig dabei umso mehr, den Hund nicht mit dem Blick zu fixieren, sondern gütig freundlich auf ihn zu blicken. Steht er dann ruhig vor Ihnen und blickt sie an, loben Sie ihn leise, setzt er sich hin, noch mal ganz leise loben, um ihn nicht hochzupuschen und geben Sie ihm Leckerli. Sinn und Zweck ist nicht, den Hund zu gängeln oder gar zu nötigen, Sie anzublicken, sondern ihm eben nur zu zeigen, dass sie präsent sind. Und Dies zu seinem Wohl.

Vom fast erstaunten Blickkontakt zum aufmerksamen und doch entspannten Hinsetzen voller Erwartung.

Steht oder sitzt er ruhig und entspannt vor Ihnen, blickt aber dabei nach rechts und links, dann ist das ok, denn er ist ja trotzdem mit dem Hauptaugenmerk bei Ihnen. Schaut er aber auf etwas Bestimmtes, und sein Körper ist in Spannung, kann es sein, dass er gleich hochspringt und dorthin zerrt. Deswegen stellen Sie sich dann nicht mehr vor sein Brustbein, sondern vor seine Blickrichtung. Um ihm zu zeigen: „Du, ich bin immer noch da, und viel Spannender als das, was Du da gerade siehst".

Variante C verwendet man, wenn der Hund zu unkonzentriert ist, zu hibbelig, zu nervös, zu aufgeregt, zu unsicher, und wenn Sie merken, dass mit den ersten beiden Varianten der Hund zunächst nicht ruhiger, sondern aufgeregter wird. Dazu marschieren Sie einfach zielstrebig los.

Gehen Sie mit einer einladenden Handbewegung der Führhand ein paar Schritte rückwärts und laden ihn damit ohne zu zögern freundlich ein, Ihnen zu folgen. Sobald er sich Ihnen anschließt und wirklich bei Ihnen ist (also nicht beispielsweise ganz woanders hinsieht), drehen Sie sich über die entgegengesetzte Schulter und gehen fließend weiter. Es gibt Hunde, die man über die Bewegung leichter in die Aufmerksamkeit bekommt. Seien Sie da sehr feinfühlig, wir wollen den Hund auf keinen Fall verunsichern.

Der Hund sollte bei den ersten beiden Versionen nicht gestresst wirken oder hecheln.
Das tun Hunde, denen unbewusst aberzogen wurde, auf die Körpersprache zu achten oder solche, die immer funktionieren mussten und bei denen der Blickkontakt andressiert wurde. Diese werden

Falsch:
Durchgedrückter Rücken, das Brustbein stoppt den Hund, die Hand lädt ihn gleichzeitig ein. Ein widersprüchliches Signal.

Richtig:
Fließende Bewegung. Das Brustbein ist nach innen gezogen, die Hand lädt ein.
Das zieht den Hund wie ein Magnet an.

tatsächlich erst verunsichert, wenn sie mitbekommen, dass der Mensch – ihre Sprache sprechend – ihnen zeigt, dass er einfach nur für sie präsent ist und eben nichts Konkretes will.

Schon hier sehen Sie – wie ich eben im Vorwort bereits schrieb – es gibt keine Patentlösung. Es ist eine kreative Arbeit mit dem Hund, denn Kommunikation ist etwas Kreatives, schon alleine deswegen, weil zwei Lebewesen mit individuellen Gefühlen daran beteiligt sind.

Margret lädt ihre Hündin deutlich ein und setzt gleichzeitig zu einem Schritt rückwärts an.

Das Führen an der Leine

Suchen Sie sich eine feste Leinenhand aus. Als Rechtshänder wäre es klug, auch die rechte zu nehmen. In den Hundeschulen wird immer gerne die linke gepredigt, da man ja die rechte für allerlei wichtigere Dinge benötige... Nein!

Das Wichtigste beim Hundeführen ist in diesem Moment auch die Führhand! Sind Sie Rechtshänder, ist Ihre rechte Hand beweglicher, feinfühliger und koordinativ besser einsetzbar als die Linke.

Streicheln Sie Ihren Hund, bevor Sie ihn anleinen, aber sehen Sie das Anleinen nicht als etwas Negatives für den Hund. Ganz im Gegenteil: Falls Sie in meinem Alter oder älter sind, können Sie Sich vielleicht erinnern: Man hat aus zwei Blechdosen, zwei Stück Butterbrotpapier und einer Schnur ein „Telefon" gebastelt. Man sprach in die Membran rein, und durch die Schnur konnte der Andere das Gesprochene hören. Sie sind in dem Moment dem Hund ganz nahe, die Leine ist wie dieses Telefon, und genauso sollten Sie dieses anwenden. Für eine kleine achtsame Zwiesprache.

Oder stellen Sie sich die Leine wie eine Nabelschnur vor, untrennbar miteinander verbunden. Der Eine ist abhängig vom Anderen. Auf eine ganz wunderbare Art und Weise.

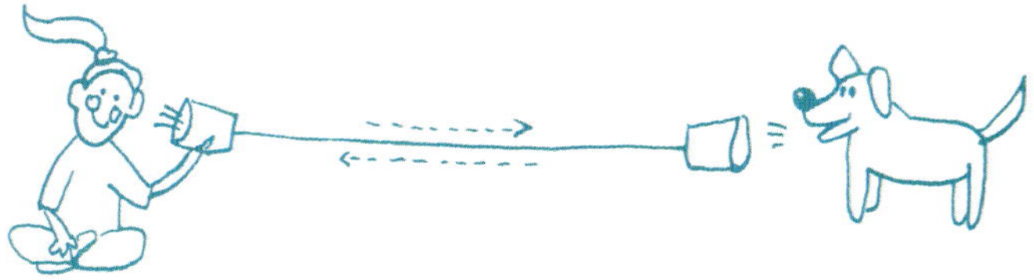

Die Leine sollte bei kleinen Hunden nur 1m lang sein, so dass die Leine nicht auf dem Boden schleift. Je nach Größe des Hundes sollte die Leine in unterschiedlicher Stärke sein. Für einen kleinen Hund empfiehlt sich eine etwas leichtere Leine mit ca. 1-1,5cm Breite, für große Hunde eine Stabilere und breitere, evtl. aus Leder.

So haben Sie den perfekten Abstand zum Hund, wenn dieser schräg hinter Ihnen geht. So haben sie ihn noch im Blickwinkel, er aber dennoch genügend Individualraum. Legen Sie die Schlaufe in Ihre Handfläche und schließen Sie wenn überhaupt nur ganz sanft die Finger. Der Führarm ist etwas hinter Ihnen, die Handfläche zeigt nach vorne, der Handrücken zeigt nach hinten, die Finger sind ganz locker, dadurch sind sie automatisch etwas geschlossen. Wenn sie einmal Ihre Hand ganz locker ausschütteln und dann nach oben drehen, sehen Sie Ihre individuelle Handstellung.

So können Sie in der Handfläche spüren ohne nach hinten zu sehen, ob Ihr Hund

Natürliche Krümmung der Finger bei absolut lockerer Hand- und Armhaltung

rechts oder links hinter Ihnen steht oder zu dicht oder zu weit weg ist.

Machen Sie dies ruhig einmal als Übung mit einem Partner, und Sie werden erstaunt sein, wie feinfühlig man in der Handfläche ist, bzw. werden kann.

Vorübungen erst mal ohne Hund. Erst kommt das Vokabeltraining. Wenn die Vokabeln bei Ihnen sitzen, dann können Sie mit Ihrem Hund „hündisch" reden.

Das Einladen

Das Führen an der Leine ist eine nonverbale Kommunikation mit dem Hund, fast wie ein Tanz. Gehen Sie ein paar Schritte rückwärts weg vom Hund in die gewünschte Richtung und machen Sie dabei mit der mit der Handfläche nach oben zeigenden Führhand mit fast gestrecktem Arm eine einladende Bewegung, fast so, als bäten Sie einen geschätzten Gast in Ihr hochherrschaftliches Haus.

Dabei blicken Sie den Hund zwar an, aber starren ihm bitte nicht in die Augen. Ziehen Sie dabei Ihr Brustbein nach innen. Dann drehen Sie sich um die entgegengesetzte Schulter wieder in „Fahrtrichtung“ und gehen fließend weiter geradeaus. Die Führhand ist in beiden Positionen immer zwischen Ihnen und Ihrem Hund.

Die Führhand ist weisend für Ihren Hund, an ihr kann er sich orientieren.

Das ist die Sprache, die nicht nur ein Hund verstehen würde. Jeder Mensch würde dies genauso ohne gesprochenes Wort verstehen.

Das ist Körpersprache. Und die ist unmissverständlich und freundlich. Einladend und nicht fordernd.

Körpersprache zu verstehen muss nicht erlernt werden, sondern kommt logisch und klar beim Gegenüber an – sei es Hund oder Mensch.

Die Bewegung der Führhand beim Einladen ist sehr wichtig. Bedenken Sie, dass Sie ja noch den Blickkontakt Ihres Hundes haben. Die einladende Hand beginnt auf Augenhöhe

Das Einladen

Der Arm bleibt zwischen dem Führenden und dem Hund

Fließendes Weitergehen

des Hundes und weist nach unten vorne. Das ist ein sich bewegendes Objekt, welches das Auge des Hundes eher wahrnimmt, als wenn Sie einfach losgehen würden. Und damit kann er auch die Führhand als „Wegweiser“ aufnehmen.

Wir kommen in einen Park und schauen nach unsere Verabredung. Mit suchendem Blick tastet man die Szenerie ab: die vielen Menschen, unterschiedliche Bewegungen, hier und dort passiert etwas und zieht die Aufmerksamkeit auf sich. Doch eine Person winkt uns eindeutig zu. Glücklich reagieren wir darauf; endlich haben wir unsere Freundin gefunden! Genauso geht es dem Hund durch das deutliche Einladen mit der Führhand.

Hui! Wenn ich so nett eingeladen werde, komme ich doch gerne!

Das Stoppen

Führen Sie ihren Hund schräg rechts hinter sich, können Sie ihn im Gehfluss stoppen, indem sie eine halbe Drehung über die rechte Schulter machen, so dass Sie quasi mit zwei Schritten frontal vor Ihrem Hund stehen und ihn dadurch alleine mit Ihrem Körper respektive mit Ihrem Brustbein stoppen.

Noch gehe ich geradeaus, habe im Kopf aber schon die Absicht, den Hund zu stoppen.

Mit dem Fuß zeige ich beim nächsten Schritt schon 180° Richtung Hund.

Dann schließe ich mit dem anderen Bein hüftbreit und komme sofort wieder in die Entspannung.

Wann immer Sie ihn stoppen, lassen sie ihm ein paar Sekunden Zeit, dies zu realisieren, zu verarbeiten, was da gerade passiert ist. Das Stoppen bedeutet nicht: “Bis hierher und nicht weiter!“, sondern: “Schau, wie ruhig ich stehe und wie gelassen präsent ich bin.“ Gehen Sie von dieser Position aus weiter, dann gehen sie immer mit einer kleinen einladenden Geste mit der Führhand ein paar Schritte rückwärts und dann erst wieder geradeaus. Je fließender Ihre Bewegungen werden, desto klarer wird es für den Hund sein.

Merke: Das Stoppen endet IMMER mit der eigenen Entspannung! Nur dann ist es eine Kommunikation für den Hund und nicht gegen den Hund. Mit der Entspannung zeige ich ihm, dass ich für ihn ein Ruhepol bin, und dass ich stets gelassen handle.

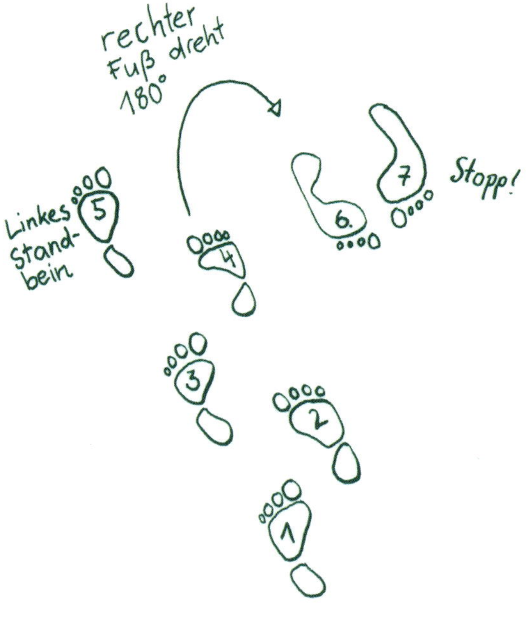

Was mache ich, wenn der Hund überholt?

Das rechtwinklige rückwärts Weggehen vom Hund

Sie führen mit der rechten Hand, und der Hund überholt Sie rechts. In dem Moment gehen Sie rückwärts im rechten Winkel von seiner Körpermitte weg. Wie beim Losgehen, behalten Sie ihn dabei im Auge, ohne ihn anzustarren, und gehen so lange rückwärts, bis er Sie wieder wahr nimmt und geradegerichtet ist. Erst dann drehen Sie sich „in Fahrtrichtung" um und gehen fließend weiter, den Arm wie immer als Abstandhalter zwischen Ihnen und Ihrem Hund.

Überholt der Hund Sie während Sie rechts führen links, dann drehen Sie sich über die rechte Schulter und können genauso hier rückwärts im rechten Winkel vom Hund weggehen. Sehr einfach – aber für den Hund sehr beeindruckend.

Auf die Wichtigkeit des Brustgeschirres bei solchen Aktionen weise ich später noch mal (wie schon in Band 1 beschrieben) hin.

Der Ausfallschritt

Der Ausfallschritt vor dem Hund, um ihn am Überholen zu hindern, wird mittlerweile von vielen Hundetrainern verwendet. Und dennoch mit verschiedenen Absichten.

Den Ausfallschritt machen Sie am besten nur da, wo Sie keine Chance haben, rechtwinklig von Hund wegzukommen, z.B. auf dem Gehsteig. Da kann man es am besten entlang einer Hausmauer üben.

Fangen Sie mit diesen Ausfallschritten an, merken Sie vielleicht, dass das anfangs erst einmal in eine gewisse Hektik ausartet. Um diese zu unterbrechen, und auch um dem Hund die Zeit zu geben, nachzudenken, über diesen Vorgang zu reflektieren, gehen Sie nach dem Ausfallschritt noch zwei, drei Schritte weiter und stoppen dann Ihren Hund, indem Sie sich direkt mit Ihrem Körper vor Ihren Hund positionieren, Brustbein auf Brustbein gerichtet, aber mit genügend Abstand, so dass sich Ihr Hund nicht bedrängt fühlt.

Lassen Sie ihm Zeit, das Geschehene Revue passieren zu lassen, oft wird er in dieser Situation abschmatzen oder abschlucken, daran erkennen Sie, dass „der Groschen gefallen ist“. Nehmen Sie den Ausfallschritt wie ein kleines Tanzschrittchen: Schritt, Schritt und Wiegeschritt…, so wie einst in der Tanzschule. Locker, flockig, leicht.

Achten Sie dabei aber darauf, dass Sie bei dem Ausfallschritt wieder zurück auf Ihre Gehlinie kommen.

Hat Ihr Hund Sie auf dem Gehweg überholt, und Sie haben den Ausfallschritt versäumt und auch nicht genügend Platz, einen kleinen Kreis zu gehen oder gar rechtwinklig vom Hund wegzugehen, dann machen Sie eine kleine Kurve, gehen mit dem Hund sogar noch einen deutlichen Schritt hinterher, holen Sie ihn mit einem weitern Schritt rückwärtsgehend zu sich, so dass er wieder hinter Ihnen ist. Dann müssen Sie natürlich noch mal eine schöne Kurve gehen, um an Ihr ursprüngliches Ziel zu kommen.

Dies erscheint zwar etwas aufwändig und sogar etwas peinlich in der Öffentlichkeit, aber es ist mal wieder FÜR Ihren Hund und somit nachhaltig wirkungsvoll.

Sinn der Sache bei all den Vatianten ist einfach dem Hund zu zeigen: Egal was Du machst, wie Du Dich anstellst, wie Du es drehst und wendest – ich bin Dir immer einen Schritt voraus! Da gilt es, den längeren Atem zu haben.

Und das beeindruckt den Hund total. Denn wer so schlau, so schnell, so wendig ist, so ein Durchhaltevermögen hat, der kann auch ein Rudel führen. Und so jemandem MUSS man einfach vertrauen, so jemand kann beschützen, so jemandem kann man sich hingeben. Toll!

Das Hindern am Überholen dient nicht dazu, dem Hund „einzubläuen", er habe gefälligst hinten zu gehen, um ihm zu zeigen wer hier das Sagen habe, sondern es ist nichts anderes als ein Austricksen, ein Überraschen, ein Hase und Igel spielen. „Ich bin schon da", sagt der Igel, weil er heimlich seine Igelfrau bereits am Zielort deponiert hat. „Ich bin schon wieder vor Dir", sagen Sie damit Ihrem Hund. Sie zeigen dem Hund damit, dass Sie einfach schneller und wendiger sind als er. Haben Sie jedoch den Gedanken: „Wehe Du überholst mich!", dann kommen Sie bereits wieder ins Kämpfen. Meinen Sie nicht den Hund, denken sie einfach nur an sich. Dass Sie an die Spitze möchten. Und nicht, um den Chef raushängen zu lassen – sondern weil Sie besser führen können als Ihr Hund.

Das abrupte Kehrtmachen, welches oft verwendet wird, wenn der Hund zieht ist nichts anderes als ein Schikanieren. Viele Hundetrainer machen es so oft, bis der Hund einfach entnervt aufgibt, sich quasi ergibt. Damit ist mal wieder sein Willen gebrochen.

Das Kreisgehen

Überholt Ihr Hund Sie auf freiem Feld an der Leine, dann müssen Sie lediglich einen kleinen Kreis über innen gehen – schon haben Sie Ihren Hund wieder elegant hinter sich gebracht. Ohne Aufhebens. Ohne ihn direkt zu meinen.

Hier sucht der Hund beim Überholen den Blickkontakt, um nachzufragen, ob dies ok sei. Eine leichte Rotation des Schultergürtels nach rechts würde ihn hier schon wieder hinter bringen. Das ist Körpersprache, die für und nicht gegen den Hund verwendet wird. Die nicht dem Hund beigebracht werden muss. Die keine Maßregelung und keine Strafe mit sich zieht. Das ist Kommunikation im Hier und Jetzt!

Bildfolge: Das Kreisgehen

Linke Spalte:
1. Alex will mit ihrer 7-jährigen Schäferhündin Sunny, die gerade im Begriff ist zu überholen, einen Innenkreis gehen.

2. Sie setzt an nach links zu gehen, da erhält sie sofort den Blickkontakt ihrer Hündin. Alex hält ihre rechte Hand verwahrend nach vorne, um Sunny einfach eine optische Barriere zu bieten.

3./4. Sunny nimmt dies ganz natürlich auf, ohne so etwas gelernt oder zuvor geübt zu haben und konzentriert sich ganz auf Alex.

Rechte Spalte:
5./6. Ganz organisch wartet Sunny darauf bis Alex wieder vorne ist...

7. ...und so führt Alex schon wieder.

8. Beide sind mächtig stolz aufeinander.

Der Sinn des Führens in der Frontposition

Durch das Führen von vorne zeigen Sie ihrem Hund, dass Sie wachsam sind, dass Sie den Weg wissen, dass Sie wissen, wo es lang geht (im wahrsten Sinne des Wortes), dass Sie die Situationen (aber bitte nicht den Hund) fest im Griff haben, dass Sie bereit sind, Verantwortung zu übernehmen, dass Sie den Kopf für das Rudel hinhalten, dass Sie es sind, die zuerst den Kampf mit dem „Säbelzahntiger" aufnimmt. Es ist eine ständige Kommunikation, unterschätzen Sie das nicht!

Stellen Sie sich das Vorne-Gehen nicht so vor, als dass der Hund hinten gehen MUSS, sondern eher als ein „Mir nach!" vor.

„Mir nach!" ruft der mutige Anführer in den Abenteuerfilmen, der eine Gruppe anführt, um zu zeigen, dass er alles im Griff hat. Man bewundert ihn für seine Stärke, seine Schläue, seinen Mut, seine Kompetenz, sein Organisationstalent.

Oder eine Clique von Freunden. Oft ist es eine bestimmte Person, die die Initiative ergreift. „Heute gehen wir ins Kino, morgen italienisch essen und übermorgen in die Disco." .Da fühlt sich keiner gegängelt oder bevormundet, sondern alle freuen sich, dass einer alles organisiert, damit immer was los ist.

Wenn sie jedoch von dem Ansatz ausgehen, dass der Hund doch jetzt endlich zu kapieren hat, dass er hinten gehen soll – dann haben SIE nichts kapiert.

Geschäftsführer eines Konzerns wird man nicht durch rumpöbeln, sondern man sollte zumindest Betriebswirtschaft studiert haben. Und das ist die Aufgabe des Menschen im gemeinsamen Sein mit den Hunden.

Solange der Hund an der Leine nicht freiwillig und begeistert hinter dem Besitzer geht, solange ist man noch mitten im Studium.

Der Hund geht dann dauerhaft hinter Ihnen, wenn er den Sinn erkennt. Und diesen Sinn müssen Sie sich erarbeiten. Durch unsere wichtigen Prinzipien: Klarheit, Konsequenz, Wachsamkeit, Achtsamkeit, Güte, Gelassenheit, Entspannung.

Im Laufe der Zeit, wenn Sie mit Ihrem Hund konsequent so arbeiten, wird er und auch Sie immer feinfühliger und sensibler werden. So können Sie zum Beispiel Ihren Hund am Überholen hindern, indem Sie statt des Ausfallschrittes vor seiner Nase einfach Ihren Schultergürtel in seine Richtung rotieren, so dass Sie ihn damit verlangsamen. Stellen Sie sich eine Linie von Ihrem Brustbein vor seine Nase vor. Dies alleine bringt ihn dazu, seinen Schritt zu verlangsamen. Dazu muss er Sie nicht mal ansehen, er spürt das. Probieren Sie solche Sachen, wie auch das Führen immer mal wieder mit einem Partner

Europapark Rust: Der Weg vom Parkplatz zum Hotel.
Die Pfötchenbande ist immer überall dabei und dabei stets gut gelaunt. Frauchen geht vorne und sichert den Weg.

aus, und Sie werden sehen, dass das alles ganz natürliche Reaktionen sind, die man niemandem beibringen muss.

Zusätzlich können Sie die freie Hand verwahrend ungefähr auf Kopfhöhe des Hundes einsetzen. Klappt beim Menschen genauso wie beim Pferd und beim Hund. Solange diese Genannten die Bereitschaft haben zuzuhören. Und diese haben sie nur, wenn man stets in ihrem Sinne handelt.

Das freie Führen, – Leiten von hinten

Entspannte Wandergruppe, alle Hunde gehen aus freien Stücken hinter ihren Menschen.

Ich habe ja immer erwähnt, dass der Hund, sobald er von der Leine ist, machen kann, was er will, und die meisten Hunde entscheiden sich faszinierenderweise für die Version, auch im Freilauf hinten zu bleiben.

Aber auch da können sie beim Freilauf nach Herzenslust herumschnüffeln.

Nun kann es sein, dass der Hund beim Herumstöbern etwas Spannendes entdeckt hat, dass er dort länger verweilt. Sie selber müssen immer wieder für sich bestimmen, welchen Abstand Sie noch tolerierbar finden, bei welchem Abstand Sie sich noch wohl fühlen. Bleibt also der Hund zurück, haben Sie natürlich die Möglichkeit, ihn abzurufen. Ich persönlich bin kein Freund des zu häufigen Abrufens, denn das sind kleine Trümpfe, kleine Joker, die ich mir für den Notfall aufhebe. Höchstens drei pro Spaziergang setze ich mir immer als Ziel.

Der Hund trödelt also hinter Ihnen herum, oder schnüffelt an etwas oder frisst gar Etwas, was Sie nicht möchten. Drehen Sie um, gehen Sie parallel an Ihrem Hund vorbei, machen Sie eine kleine Kurve, so dass Sie hinter ihm sind und gehen Sie zügig auf ihn zu. Ein kleines Schnalzen oder Ähnliches schickt ihn damit ganz natürlich vorwärts. Bei großen eher phlegmatischen Hunden verfahren Sie wie folgt: Sie machen eine Kurve. Und in der Kurve nehmen Sie den Karabiner Ihrer Leine in die Hand und drehen sie die Leine mit der Schlaufe nach unten hängend vor sich wie einen Ventilator. Dies bitte ganz locker aus dem Handgelenk und ohne jede Agression oder „Scheuch"-Gedanken.

Wie die gewissen Damen am Straßenrand keck ihr Handtäschchen schwenken. Fast wie ein fröhliches Spiel, welches Sie für sich machen. Mit Energie aber dennoch gelassen.

Bitte auf keinen Fall den Hund fixieren, sonst machen Sie ihm wirklich Angst. Energie bringen Sie nur dann auf, wenn Sie dies für sich machen. Dann wird der Hund diesen Impuls aufnehmen und losgehen. In dem Moment, wo er losgeht, müssen sie sofort aufhören zu drehen, sonst stumpft er ab. Loben ist auch hier ganz wichtig. Er hat respektvoll den Weg für Sie freigemacht.

Gehen Sie dann neben dem Hund weiter und lassen Sie ihn wieder entscheiden, ob er vorne oder hinten gehen möchte.

Das Sensibilisieren des Hundes ist mir ein großes Anliegen, denn wir wollen ja nicht unser Leben lang Ausfallschritte machen und auch nicht ständig den Hund wegen allem abrufen müssen. Jede Art von Druck oder Einschüchterungsversuchen, Drohungen oder Warnungen stumpfen ab, denn er lernt einfach nur Gehorsam und Dressur anstatt für sich zu lernen, dass bei uns alles toll ist.

Dies können Sie auch im Laufe der Zeit so weit verfeinern, dass Sie das Leine-Drehen gar nicht mehr brauchen. Spielen Sie Hütehund und dirigieren Sie Ihren Hund im Freilauf nur mit Ihren Körperpositionen von vorne, von hinten, von rechts, von links. Das ist eine wunderbare Erfahrung, wenn so etwas richtig schön im Fluss passiert. Fast wie ein Tanz.

Gerade in unbekannten oder furchteinflößenden Situationen, wie hier nachts in einer Bar mit vielen Menschen gebe ich meinen Mädels Sicherheit und Vertrauen, indem ich vorne gehe und für sie „den Kopf hinhalte“.

Und so schlafen sie selig und entspannt in der Bar in einer ruhigen Sitznische ein.

Das Ganze ist einfach ein Raum einnehmen, das heißt, der Hund weicht Ihnen, sprich Ihrem Individualbereich, Ihrem persönlichen Raum. Geht ein ranghohes Tier von A nach B, werden die Rangniedrigeren ihm immer weichen, also den Weg frei machen. Das hat mit Respekt zu tun.

Raum-Einnehmen wird in der modernen „gewaltfreien" Hundeerziehung mittlerweile oft verwendet, leider unter dem Aspekt: „Ich nehme mir Raum und Du bekommst dafür weniger Raum". Das möchte ich auf keinen Fall. Ich nehme Raum nie wie ein Platzhirsch ein, und auch nicht, um Macht zu demonstrieren, sondern immer sehr fein und subtil, einfach nur, um wahrgenommen zu werden, bzw. dem Hund mitzuteilen „Meine Eingangstür", „mein Mittagessen", „meine Futterschüsseln" (kurz bevor ich sie dem Hund gebe).

Beim Raum-Einnehmen denke ich mir stets eine unsichtbare Linie: der Bereich hinter mir gehört mir, der Bereich vor mir gehört meinem Hund. „Mein Tanzbereich – Dein Tanzbereich" – dieses berühmte Zitat aus dem amerikanischen Spielfilm „Dirty Dancing" kennt sicherlich jeder. Wobei der Hund dabei den deutlich größeren Bereich bekommt, denn ich will ja nur meine Futterschüssel/meine Haustür/mein eigenes Essen für mich bewahren. Ich möchte nicht, dass der Hund in meinen Bereich eindringt, daher gilt es jetzt wieder flink, aber innerlich sehr gelassen zu sein. Ich stoppe ihn nicht von vorne, fixiere ihn nicht mit meinem Blick, sondern mein Augenmerk gilt nur dieser Linie, die mir gehört. Der Hund wird noch ein paar mal versuchen durch diese Linie zu gehen, aber schnell immer lustloser werden, weil er die Sinnlosigkeit dieser Aktion merkt und sich dann wieder gerade vor Sie ausrichten.

Mein Tisch, mein Essen, meine Tür – der Rest gehört dir!

Der Hund zögert beim Führen an der Leine

Alex geht so lange rückwärts von ihrer Hündin Sunny weg, bis sie deren Blickkontakt erhält und wieder bereit zur Kommuikation ist.

Beim flüssigen Gehen mit dem Hund an der Leine passiert es oft, dass der Hund dennoch stehenbleibt, weil er etwas Interessantes sieht, riecht oder gar umgekehrt, sich vor etwas fürchtet. Gehen Sie wirklich ohne zu zögern weiter. Würde man nur Ihre Beine filmen, sollte man nicht sehen, dass der Hund zögert oder stehenbleiben will.

Gehen Sie im Fluss weiter, aber ziehen sie NIE an der Leine, denn ab einer gewissen Körpergröße machen Sie ein Wettziehen, was für den Hund völlig unverständlich ist. Druck macht immer Gegendruck, und so kommen Sie mit Ihrem Hund ins Kämpfen, was wir bitte NIE wollen. Ist der Hund recht klein, würden Sie ihn wie einen Gefangenen hinterher schleifen. Also gehen Sie weiter und machen Sie kleine regelmäßige Impulse mit der Führhand. Und wirklich nur mit der Hand, nicht mit dem Arm, also bitte nicht mit Brachialgewalt. Dies wäre sehr unfair. Durch die Impulse, die im Prinzip nur ein leichtes Schließen der Hand sind, wird der Hund lediglich animiert. Und machen Sie die Impulse so lange, bis er wieder flüssig geht. Auf den Hund wirken diese Impulse nicht wie ein Ziehen, sondern ein Auf-die-Beine-Stellen. Ich gehe selbstverständlich davon aus, dass er nach wie vor ein Brustgeschirr trägt. Halsband ist ein absolutes NO GO!

Da sind wir – wie im ersten Buch schon – noch deutlicher beim Thema Halsband, welches leider immer noch von den meisten Hundehaltern benutzt wird. In meinen Kursen herrscht absolutes Halsbandverbot. Und ich bin immer wieder schockiert über die Uneinsichtigkeit der meisten Hundehalter diesbezüglich.

Die Luftröhre und der Kehlkopf eines Tieres sind nicht dazu gemacht um es daran zu führen. Durch ein Halsband können diese geschädigt werden, die Halswirbel können beschädigt werden, was bis zum Bandscheibenvorfall gehen kann, und die Blutzufuhr zum Hirn kann sogar kurzfristig unterbrochen werden. Ebenso steigt der Augeninnendruck. Recherchiert man im Internet, findet man viele gute und sehr sachliche Berichte darüber.

Anmerkungen von PETA zum Thema Halsband

„Der beste Freund des Menschen sollte auch so behandelt werden!", so Nadja Kutscher von PETA Deutschland e.V. „Im Halsbereich befinden sich empfindliche Wirbel und Nerven sowie die Speise- und Luftröhre. Ob ein Hund besonders stark an der Leine zieht oder nur gelegentlich, die Folgen können schwerwiegend sein. Schon durch ein handelsübliches Halsband kann sich ein Hund lebensgefährliche Verletzungen an der Luftröhre zuziehen."

Krankheitsbilder wie z.B. Bandscheibenverschiebungen können sich durch den Druck der Halsbänder verschlimmern. Zudem erhöht sich der intraokulare Druck der Augen durch Ziehen am Halsband kurzfristig massiv, was bei Hunden, die aufgrund ihrer Rasse oder Anatomie zum Glaukom neigen, gefährlich werden kann.

Noch drastischer seien mögliche Folgen beim Gebrauch der Stachel- oder Würgehalsbänder. Schleudertrauma, Bandscheibenwölbung, Ohnmacht bis hin zu Verletzungen des Rückenmarks, die zur teilweisen oder vollständigen Lähmung der Vorder- und/oder Hinterbeine führen könne. Möglich seien auch Verletzungen des Vagusnerves, wodurch die Funktion wichtiger Organe wie dem Herzen, der Lunge, Leber, Blase oder Milz beeinträchtigt werden kann. Im schlimmsten Fall kann ein Halsband auch die Luftröhre zertrümmern und den Hund so ersticken lassen. Aber auch ausgerenkte Nackenknochen, zerquetschte Speiseröhren, Kehlkopfschäden und Druckanstieg im Kopf, der Hirn- oder Augenschäden verursachen kann, sind mögliche Folgen.
Leider stehen Halsbänder auch in vielen Hundeschulen noch immer an erster Stelle.

Weiterhin ist es so, dass ein Druck auf den Hals beim Hund einen Fluchtreflex auslöst. Hierdurch kann das Ziehen an der Leine noch verstärkt werden. Ein Teufelskreis.

Somit ist der Hund natürlich nicht selbst Schuld, wenn er am Halsband zieht und röchelt, wie einige Hundehalter argumentieren.

Bildfolge: Das Führen

1

2

Der hibbelige Schnösel Barney, ein richtiger Kindskopf hat Sonjas Gelassenheit aufgenommen und findet sie dadurch unglaublich spannend. Erwartungsvoll und fröhlich blickt er sie an.

3

4

Sonja setzt sich in Bewegung, und Barney wartet gespannt darauf, was Sonja ihm wohl vorgeben wird. Die Kommunikation zwischen den Beiden ist in vollem Gange. Sein Blick konzentriert sich auf ihre Hand, die sich als erstes deutlich in Bewegung setzt.

Gleichzeitig geht Sonja einen Schritt rückwärts und rundet den Rücken, um den Hund einzuladen.

Hier hat Sonja leider nicht mehr den Führarm deutlich zwischen sich und Barney, dadurch kommt er ihr viel zu nahe und ist kurz vorm Überholen. Man sieht ganz klar: Es ist immer der Mensch der Fehler macht – nie der Hund.
Aber er orientiert sich gleich wieder an ihrer Hand, die sie nun richtig hinter sich hält. Entspannt geht er hinter ihr....

9

10

..doch nun hat er etwas Interessantes entdeckt und zieht nach vorne.
Sonja geht sofort deutlich im rechten Winkel fließend rückwärts von der Körpermitte ihres Hundes weg, den Führarm wieder zwischen ihr und ihrem Hund.

11

12

Barney wendet sich ihr zu.
Sonja geht weiter rückwärts weg vom Hund....

13

14

...bis er klar ihre Richtung einschlägt...
und ihr geradegerichtet nachfolgt.

15

16

Nun ist sie wieder für ihn interessant.
Er schaut erwartungsvoll ...

17

18

19

und Sonja wendet sich über die linke Schulter, also weg von der Führhand…

…um geradeaus weiterzugehen. Nun hat sie ihn sehr schön hinter sich

…stoppt ihn, um ihn darüber in Ruhe darüber reflektieren zu lassen. Und er fand diese Aktion offensichtlich toll. Beide freuen sich miteinander.

Die Beiden gehen weiter, und Barney sucht ständig ihren Blickkontakt, weil er sie durch ihre selbst erarbeitete Klarheit so toll und beachtenswert findet.

Bildfolge: Das Ableinen

Anina stoppt Lula, um sie abzuleinen und ihr den wohlverdienten Freilauf auf dem Lande zu gönnen.

Sie geht dazu in die Hocke, denn das signalisiert der Hündin, dass sie nicht schon in Startbereitschaft gehen muss.

Dann steht Anina auf und gibt mit dem Körper gleich der Hündin den Weg nach vorne frei.

Lula geht los....

....und geht logischerweise an Aninas rechter Seite vorbei.

So können beide einen schönen Spaziergang im Spätsommer in der malerischen bayrischen Voralpenlandschaft genießen.

Das Aussteigen aus dem Auto

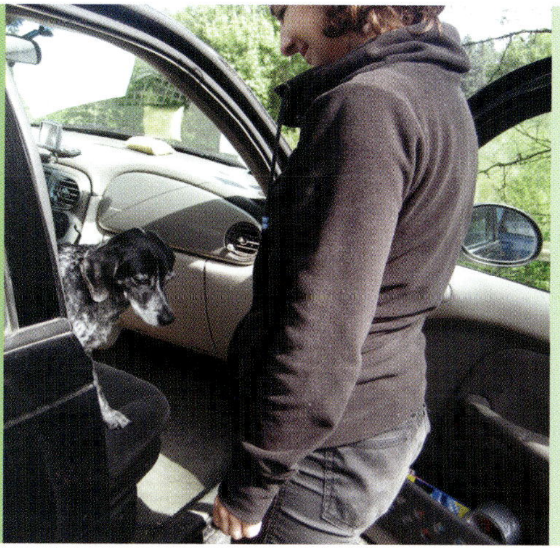

Aninas Jagdhündin Lula will aus dem Auto schießen, weil sie den Spaziergang kaum mehr erwarten kann. Anina steht jedoch einfach so gelassen vor der geöffneten Tür und zeigt Lula damit, dass sie selber absolut keine Eile mit dem Spaziergang hat. Lula nimmt diese Ruhe auf und wartet entspannt bis Anina sie angeleint hat und sie aus dem Auto führt.

Den Fall habe ich oft: Die Fahrertür eines Autos geht auf, und schon geht der Terror im Auto los. Entweder drängt der Hund durch wildes Bellen den Besitzer, sich gefälligst etwas zu beeilen oder er springt geradezu durch den Besitzer durch, um endlich ins Freie auf den ersehnten Spaziergang zu kommen. Darauf folgt ein wildes Stakkato des Hundehalters von BLEIB! SITZ! PLATZ! AUS! PFUI! RUHE! Dies führt natürlich nicht zum gewünschten Erfolg. Auch in der modernen „gewaltfreien" Hundeerziehung werden Methoden unterbreitet, die bei näherem Betrachten eigentlich gar nicht so gewaltfrei erscheinen.

Denken Sie einen Moment über diese Situation nach. Was will ich? Klar, dass der

Hund ruhig und gelassen aus dem Auto steigt. Wie schaffe ich das? Indem ich die Symptome beseitige, also den Hund zurechtweise, oder indem ich die Ursache suche? Natürlich ist Letzteres sinnvoller, denn das versteht der Hund, da sieht er einen Sinn darin, das wiederum fördert sein Vertrauen. Denn wir handeln mal wieder in seinem Sinn. Und bekommen dadurch seinen Respekt.

Was also tue ich? Ich stelle mich vor die geöffnete Tür oder Heckklappe und stehe so, dass er körperlich nicht vorbeikommt mit auf sein Brustbein gerichtetes Brustbein in unserer bewährten neutralen Position mal wieder gelassen vor dem Hund und atme bewusst ein und aus. HAAAAAAHHHHH. Und in kurzer Zeit nimmt unser Hund unsere entspannte Stimmung auf und folgert daraus, dass Aussteigen nun mal eine entspannte, normale, ja fast langweilige Handlung ist. Beim nächsten Mal dauert es nur ein paar Sekunden, und beim übernächsten Mal besteht für den Hund kein Zweifel, dass alles im Leben gelassen ist. Ommmmmmm.
So einfach geht das.

Wachsam und dennoch gelassen.

Der Hund: Beschützer, Kind oder Partner?

Eine harmonische Mensch-Hund-Beziehung kann nur dann funktionieren, wenn Sie das Wichtigste für Ihren Hund werden. Wenn er für Sie alles stehen und liegen lässt, weil er Ihnen vertraut, weil er weiß, dass Sie ihn beschützen, alles für ihn tun und ihn vor allem Hund sein lassen, dann können Sie sicher sein, dass Sie ihn nicht als Kommandomaschine missbrauchen, an der man seine negativen Gefühle auslässt und seinen Ehrgeiz mit ins Spiel bringt.

Ehrgeiz in Zusammenhang mit einem Tier ist immer nur der Ehrgeiz des Menschen. Und Ehrgeiz, Wollen, Fordern bringt uns immer weg vom Tier.

Möchten Sie Agility mit ihrem Hund machen oder ihm Kunststücke beibringen? Dann erkennen Sie aber bitte auch, ob es Ihrem Hund etwas bringt.

Hebt es ihn in seinem Rang, oder ist er davon genervt? Wenn Sie über den Agilityparcours mit ihrem Hund zügig laufen, dann schicken sie ihn mit der Führhand nach vorne weisend über so ein Gerät. Aber wirklich im Fluss mit Schwung und Elan. Nicht langsam und zögerlich werden oder am Ende noch locken oder beruhigen. Nein, Spaß soll es machen, und wenn Sie ihn voraus mit Energie auf so ein Gerät schicken, dann sollte sein Vertrauen in Sie auf jeden Fall bereits sehr gefestigt sein, und immer bemüht sein, mit Ihnen Blickkontakt zu halten. Vertrauen bekommt der Hund nur dann zu Ihnen, wenn Sie stets in seinem Sinne handeln und wegkommen vom beliebten schnell funktionierenden Beseitigen von Symptomen.

Der Hund /Wolf wird als Welpe von der Mutter gefüttert bis er nicht mehr gesäugt wird, wird dann mit erlegter Beute versorgt und irgendwann mal wird er selber zum Beutejäger. Jedoch lässt er sich es tatsächlich sehr, sehr lange im Hotel Mama gut gehen. Und das im beiderseitigen Einverständnis.

Und was passiert mit unseren Hunden? Wir ernähren sie, so wie es einst die Hundemama gemacht hat.

Fazit: Der Hund sieht uns scheinbar doch irgendwie als Elterntier, als etwas Höherstehendes, ohne dass wir irgendetwas dazu beigetragen haben. Wie stressig muss es da für einen Hund sein, plötzlich seine „Eltern“ zu bewachen, zu beschützen.

Diese Aufgabe wird den meisten Hunden zuteil. Der Mensch lässt sich vom Hund beschützen. Beispielsweise beim klassischen Wachhund. Instinktiv bellt er, wenn sich jemand dem Grundstück nähert. Was ein ganz natürliches Verhalten ist. Jedoch macht sich kaum ein Hundehalter die Mühe, denn Hund dann aufzufangen, das heißt, ihm zu zeigen, dass man die Gefahr auch erkannt hat.

Wer sich einen Wachhund hält, sollte den Hund immer, wenn dieser bellt abrufen und dann für das Kommen leise loben. So zeigt man dem Hund, dass er seine Aufgabe – und das wäre im Rudel die gleiche Aufgabe – gut erledigt hat und ihm aber auch jederzeit Schutz gewährt wird.

Keine Angst, Sie bringen dem Hund damit nicht bei, dass er bellen soll und dann dafür gelobt wird. Wird der Hund im Laufe der Arbeit sensibler, dann brauchen Sie ihn auch nicht mehr abrufen, wenn er bellt. Es reicht oft, dass Sie klar und zielstrebig zum zu bekläffenden Objekt hingehen, um dem Hund zu zeigen, dass Sie das jetzt selber in die Hand nehmen, später reicht ein Hinblicken in die Richtung, evtl. verbunden mit einem ganz leisen feinen Laut zu dem Hund. Ich sage dann gerne „ist ok" oder ein fast geflüstertes „heeey".

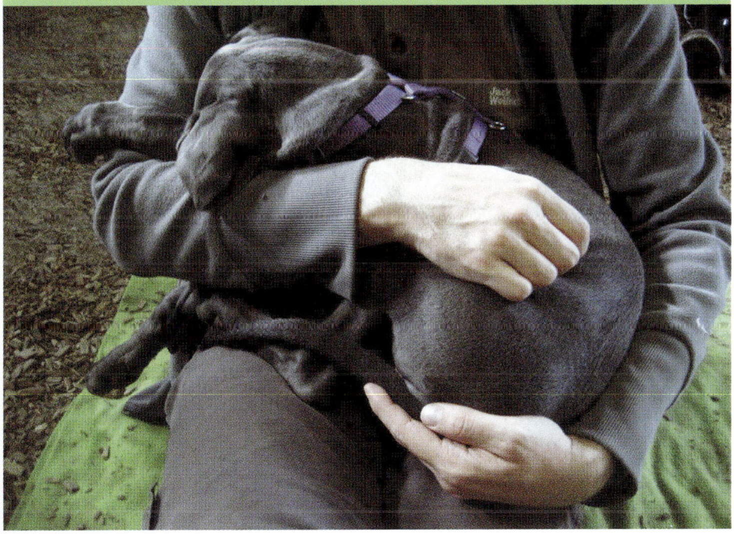

Rangordnung

Je nach Typ können wir ein ranghohes, ein mittelrangiges oder ein rangniedriges Tier haben.

Rangniedrig? Viele Hundebesitzer schlucken erstmal, wenn Sie diese Nachricht verkündet bekommen und sind voller Mitleid und Bedauern. Ist es schlimm für einen Hund, rangniedrig zu sein? Ganz im Gegenteil! Wenn Sie so einen Hund erst mal von Ihrer Kompetenz überzeugt haben, ein Rudel führen zu können, ist es für einen solchen Hund das süßeste Leben überhaupt! Juhu!!!! Keine Verantwortung übernehmen müssen, rumalbern, verwöhnen lassen... Das ist als würde ein kleiner Bub seinen coolen großen Bruder mit zum Spielplatz nehmen. Wie stolz ist er da!

Es gibt auch rangniedrige Hunde, die sehr vorwitzig sind. Immer ein bisschen albern, hektisch, die, die nicht erwachsen werden wollen, die Peter Pans unter den Hunden sozusagen. Die die schon

Mittelrangige Beaglehündin Maja – voll Bewunderung für ihr Frauchen.

Stolze, ranghohe Hündin

Junger stolzer Schäferhund sieht etwas Interessantes, ist sich aber noch nicht sicher, wie er die unbekannte Situationen einschätzen soll.

kläffen, wenn sie etwas sehen, was ihnen nicht geheuer ist. Nehmen sie ihnen das nicht übel. Solche Hunde dienen im Rudel als Wachposten, sie sagen dem Chef Bescheid, wenn etwas nicht stimmt. Nehmen Sie das wohlwollend zur Kenntnis, aber sagen Sie dem Hund auch, dass es jetzt gut sei und Sie die „Gefahr" gesehen haben und sich darum kümmern. Ignorieren wäre das Falscheste, was Sie da tun könnten, denn damit präsentieren Sie sich Ihrem Hund gegenüber als taub, blind und stumm... Nicht gerade das, was einen guten Rudelführer ausmacht, dem man sich vertrauensvoll anschließen kann. Unsere Aufgabe ist es jedoch, den Hund – egal welchen Rang er besetzt – zu fördern, psychisch zu heben. Ihn stolz, selbstbewusst und vor allem glücklich zu machen. Er soll bellen, wenn ihm etwas nicht geheuer ist, aber wir zeigen ihm, dass wir uns darum kümmern. Das ist Kommunikation, und zwar Kommunikation für den Hund und nicht gegen ihn und seine Bedürfnisse, welche nicht berechnend eingesetzt werden, sondern schlicht und ergreifend genetisch verankert sind.

Gegen die Bedürfnisse des Hundes zu agieren wäre immer den Hund zu brechen; den Hund zum Gehorsam zu bringen bedeutet immer den Willen des Hundes zu brechen; gegen seinen Willen zu agieren ist den Hund brechen.

Es ist unsere Aufgabe, uns als so wichtig und kompetent darzustellen, dass es dem Hund ein großes Bedürfnis ist, bei uns zu sein und sich uns hinzugeben.

Das innere Loslassen – Wegkommen vom Wollen

Sobald man irgendetwas erwartet, spannt man automatisch tiefliegende Bauchmuskeln an und atmet demzufolge flacher. Das sieht sicherlich gut aus, zeigt aber dem Hund, der ja viel sensibler, viel feiner auf alles reagiert, dass Sie in Alarmbereitschaft sind, bereit zur Flucht. Deswegen ist es so wichtig, innerlich loszulassen, wirklich in den Bauch zu atmen und mit lockerem Kiefer auf ein stimmloses HAAAAAAAAAHHHH ausatmen. Spüren Sie den Unterschied? Präsentieren Sie sich so ihrem Hund, wird er diese Lockerheit aufnehmen und ebenfalls entspannt sein und nichts erwarten. Tiere lernen durch Nachahmung. So haben sie ihre Sprache und ihr Verhalten von den Elterntieren gelernt.

Sieglinde traut der ganzen Sache noch nicht. Die kleine Nelly hingegen findet alles klasse und zwingt in dem Fall ihr Frauchen zur Entspannung. Nelly ist voller Bewunderung für ihr Frauchen.

Ich habe es unzählige Male auf Kursen erlebt, dass erst durch dieses HAAAAAAHHHH der Hund sich wirklich erst hingibt. Ist einfach so.

Ein nettes Beispiel zu Thema Loslassen: Ich war auf einem Hundetreffen mit ca. 20 Teilnehmern und ebenso vielen Hunden. Jeder hatte so seine Problemchen mit seinem Hund, entweder sie zogen an den Leine oder hörten nicht... Das Übliche!

Plötzlich war einer der Hunde, ein 10 Monate alter Mischling, wie vom Erdboden verschwunden. Nach kurzem Beratschlagen teilte sich die Gruppe auf, und alle suchten in verschiedenen Richtungen nach dem Hund. Als wir uns Stunden später nach erfolgloser Suche wieder trafen, stellten alle fest, dass ihre Hunde die ganze Zeit total „brav" waren, sie hatten alle gar nicht bemerkt, dass ihre Hunde dabei waren. So lobten Sie ausgiebig ihre Hunde wie fein sie das gemacht hätten. Aber was ist wirklich passiert? Die Besitzer waren durch die intensive Suche mit ihrer Aufmerksamkeit so weg vom eigenen Hund, sie ließen im wahrsten Sinne des Wortes los, und dies ließ die eigenen Hunde wiederum ihre Aufmerksamkeit auf den Halter verstärken. Weil er so zielstrebig war und nicht ständig mit diesem „ja, wo isser denn, ja was macht er denn?" den eigenen Hund verunsicherten. (Der verlorene Hund wurde etwas später glücklicherweise wieder gefunden!)

Das ist Ihre Aufgabe beim Führen des Hundes: Ihre Aufmerksamkeit sollte bei Ihrem Ziel sein, bei Ihrer Frontposition und nicht beim Hund. Der Weg, den Sie gehen ist der Ihrige, nicht der den der Hund gehen soll. Lenken Sie ihre Aufmerksamkeit weg vom Hund. Sie wollen nichts vom Hund. Sie wollen einfach nur gehen. Telefonieren Sie mal während des freien Spazierengehens, und sie werden merken, dass sich der Hund relativ gelangweilt hinten einklinkt.

Ein Spaziergang, gerade mit mehreren Hunden sollte tatsächlich langweilig aussehen. Zumindest wirkt es so auf uns Menschen. Tatsache ist, dass die ständigen Raufereien, Wettrennen und Rangeleien nicht immer als positiv einzustufen sind. Es kann auch ein Abklären von Differenzen sein. Dackeln jedoch die Hund scheinbar gelangweilt im Freilauf vor, neben oder hinter uns her, sind sie trotzdem mehr als beschäftigt. Sie senden sich ständig körpersprachliche Signale, setzen kontinuierlich all ihre Sinne ein, was einfach unheimlich wichtig ist, um geistig rege zu bleiben und den Hund auszulasten.

Und zwar mehr als ständiges Bällchen und Stöckchen werfen und die üblichen Beschäftigungsspiele, die letztendlich nur den Adrenalinspiegel steigen lassen und eine Sucht nach mehr verlangen.

Johanna und ihre Hündin Zoe. Beide ganz entspannt im Sein.

Stimme als Kommunikationsmittel

Die Hundehalter benutzen unzählige Varianten, um ihren Hund zu rufen: Fröhlich, ängstlich, fordernd, streng, zaghaft, wütend und vieles mehr. Die richtige Variante, nämlich das fröhliche motivierende Abrufen hört man selten.

Achten Sie draußen einmal darauf und beobachten Sie dabei die Reaktion der Hunde.

Und was machen diese Hundebesitzer dann, wenn der Hund kommt? Ignorieren? Das Kommen als selbstverständlich hinnehmen? Einen Freudentanz aufführen? Loben? Oder gar schimpfen, weil er zu spät kam?

Der Hund sollte immer für das Abrufen gelobt werden. Wie ich bereits im ersten Buch schrieb, ist das Abrufen das allerwichtigste „Kunststück". Das ist Ihre Lebensversicherung für den Hund. Und das Abrufen klappt wiederum nur dann, wenn die Bindung stimmt und wenn Sie für Ihren Hund das Wichtigste geworden sind.

Reflektieren Sie sich selber. Wie agieren Sie? Mal so mal so? Ist das konsequent? Wie reagiere ich auf den Hund, wenn er z.B. seine Ängste überwunden hat. Oder er gerade zu kläffen aufgehört hat. Auch da ist Feinfühligkeit gefragt. Überschwängliches Loben würde da den Hund sehr verunsichern, bzw. animieren gleich wieder loszukläffen. Ein leises freundliches „Fein!" ist angebracht, um in der erarbeiteten Ruhe zu bleiben.

Die einjährige Boxerhündin Amy ist ein typischer Leinenzieher, ständig unter Strom und im Außen.

Tim „bündelt“ sie durch seine Ruhe und vor allem durch seine klare Position vor ihr. Er zeigt Amy, dass er ihr Fels in der Brandung ist.

Das Bellen

Es gilt zu unterscheiden, ob der Hund direkt etwas anbellt oder ins Nichts bellt.

Seien Sie aufmerksam, wann ihr Hund bellt. Letztendlich entsteht es fast immer aus einer Hilflosigkeit bezüglich einer augenblicklichen Situation. Sehen Sie es als ein „Zu Hilfe!" seitens Ihres Hundes. Reagieren Sie augenblicklich und stellen Sie den Blickkontakt zu Ihrem Hund her. Entweder durch das Abrufen oder ein Schnippen vor seinem Gesicht, oder indem Sie sich ganz klar in der neutralen Position vor ihn stellen, Ihr Brustbein auf das Seine gerichtet und ihm damit zeigen, dass Sie präsent sind und das jetzt regeln. Will er an Ihnen vorbei, korrigieren Sie immer wieder Ihre Position, so dass eines Ihrer Schienbeine vor seinem Gesicht steht. Beachten Sie dabei aber auch seinen Individualraum und rücken Sie ihm nicht zu dicht „auf die Pelle" und schicken sie ihn keinesfalls rückwärts. Das wäre eine psychische Strafe. Der Hund würde Ihren Versuch, ihn zu beruhigen als Drohgebärde und Kampfansage verstehen.

Und noch mal zum Verständnis: Das ist kein Raumbegrenzen, wie es gerne in der modernen, angeblich gewaltfreien Hunderziehung verwendet wird. Es ist lediglich ein „Hallo, ich bin hier! Ich nehme Deine Sorgen ernst. Schau, wie gelassen ich in einer solchen Situation reagiere."

Aber lassen auch Sie sich nicht rückwärts schicken, denn das lässt sie unsicher erscheinen. Und einem unsicheren Leittier vertraut man

nicht. Zu einem Leittier will man stolz aufblicken.
Stellen Sie sich dabei vor, Sie hätten einen Heiligenschein über dem Kopf, das hilft einem sehr, gerade in so hektischen Situationen gütig und gelassen zu bleiben. Es ist auch eine gute Übung für Sie, denn hektischen Situationen hat man im Alltag und im Berufsleben zu Genüge.

Stellen Sie sich vor, Sie hätten einen Heiligenschein! Das hilft einem sehr in hektischen Situationen gütig und gelassen zu bleiben.

Da ist oft sehr langes Durchhaltevermögen gefragt, denn es kann sein, dass Sie bereits seinen Blickkontakt haben, worauf Sie ihn leise loben sollten, er aber immer noch bellt. Halten Sie durch! Haben Sie den längeren Atem! Und haben Sie vor Augen, dass sich jedes Mal, wenn Sie dies konsequent durchziehen, die Zeit verkürzt bis der Hund zu bellen aufhört. Werden Sie innerlich immer gelassener, je mehr der Hund bellt. Je konsequenter Sie das durchhalten, desto schneller und nachhaltiger beeindrucken Sie ihren Hund damit. Das ist harte Arbeit an sich selber und auch eine gute Übung fürs Leben. Rudelführer sein ist kein Zuckerschlecken.

Was ich auch immer wieder faszinierend finde: Ist die Bindung schon sehr weit, reicht es oft, wenn der Hund dem Besitzer zwar schon den Blickkontakt schenkt, aber noch weiterbellt, dass man den Finger vor seine eigenen Lippen hält und ein stimmloses Schschschsch formuliert, in etwa so, wie wenn Eltern auf Zehenspitzen in das Kinderzimmer kommen und das Kind schon schläft. Durch dieses behutsame Geräusch entspannt sich automatisch die Bauchmuskulatur und somit der ganze Körper. Und infolgedessen entspannt sich der Hund.

Bitte nicht verwechseln mit dem schrecklichen modern gewordenen Anzischen des Hundes zur Maßregelung, aber darauf komme ich später.

Zwei, die sich auch ohne Worte verstehen!

Der Hund kann bereits alles – der Besitzer ist derjenige, der lernen muss!

Ein Hund kann SITZ! PLATZ! Und herkommen, wenn man ihn ruft. Er muss nichts von uns lernen, was er nicht schon längst weiß oder kann. Wieso meint der Mensch, dies alles seinem Hund beibringen zu müssen? Ein Hund kann alles, was ihm in die Wiege gelegt wurde. Ist es nicht viel sinnvoller, dass wir, die wir mit einem deutlich höheren IQ ausgestattet sind, Dinge lernen, die uns eben nicht in die Wiege gelegt wurden, nämlich die Hundesprache oder überhaupt die Fähigkeit, mit einem Hund in seiner Sprache zu kommunizieren?

Wenn wir uns den Hunden öffnen, dann lehren uns die Hunde sehr viel. Und noch viel mehr als wir erhofft haben. Dafür müssen wir jedoch innerlich bereit, offen und frei sein.

Szene in einem Restaurant: Ich verlasse den Raum, um auf Toilette zu gehen. Ohne irgendein Kommando (meine Hunde kennen/können kein Einziges) erkläre ich einfach nur freundlich meinen Mädels, dass ich gleich wiederkomme. Daher warten sie völlig unbeschwert und voller Vertrauen auf ihren Plätzen darauf. Kein SITZ!, kein PLATZ!, kein BLEIB! ist dafür von Nöten.

Dies zu lernen ist ein unglaublich spannender Weg, der einem viele Türen öffnet. Eintauchen in eine fremde Welt, achtsam zu werden und Dinge zu sehen, die Andere nicht sehen können. Das Lesen von Hundegesichtern zum Beispiel. Dass ein geschundener Hund traurig aussieht, können viele gerade noch erkennen, aber die Feinheiten, die Nuancen, das ist etwas, was man lernen kann, wenn man mit wachen Augen und wachem Geist sich auch wirklich darauf einlassen will.

Beobachten Sie doch einfach mal die Hunde und Besitzer auf der Straße. Wie wirken die Hunde, wie reagieren sie auf ihren Besitzer? Sind Sie bei einem Hundebesitzer zu Hause, dann lassen Sie den Umgang miteinander auf sich wirken, ganz neutral, ganz offen, ganz ohne Vorurteile.

Ich weiß, es liest sich dann doch immer alles recht einfach und logisch, aber diese Arbeit mit dem Hund durchzuziehen ist sehr anstrengend und braucht viel Konzentration. Viele meiner Kunden sind nach einer Stunde völlig erschöpft. Es ist geistig und körperlich anstrengend neue Wege zu gehen. Minutenlanges Stehen, dabei hochkonzentriert und ruhig zu sein, um auf jede neue Situation so schnell wie möglich zu reagieren ist für viele ein neuer Bewegungsablauf. Ist das nicht erstaunlich, dass uns Nichtstun erschöpft? Sind wir so auf Leistung gedrillt, dass uns Entspannung erschöpft? Entspannen muss man tatsächlich lernen. Kann man es, profitiert man selber und infolgedessen der Hund in hektischen Situationen ganz wunderbar davon.

Beschwichtigungssignale

Und jetzt packe ich ein ganz heißes Eisen an! Beschwichtigungssignale sind von Hundeforschern bestimmte Signale des Hundes, die einem anderen Hund oder Individuum zeigen sollen, dass er von ihm nichts will, dass er friedlich gesinnt ist.

Und da beißt sich meines Erachtens schon die Katze in den Schwanz: Beschwichtigen bedeutet eigentlich, so zu handeln, dass Jemandes Zorn oder Ärger geringer wird.

Calming Signals heißt es im Englischen, das klingt schon nicht mehr ganz so an der Sache vorbei. Aber auch dies würde ja bedeuten, dass das Gegenüber auf jeden Fall aufgebracht ist, so dass man ihn beruhigen müsste. Nun ist es Mode geworden, jede Kleinigkeit, die der Hund macht, als Beschwichtigungssignal auszulegen. Jedes Lecken, Schmatzen, Kauen, Gähnen, Ohren anlegen oder Abschlucken gilt plötzlich eindeutig als Beschwichtigung und wird nicht hinterfragt. Haben Sie

Beschwichtigung: „Sei bitte nicht mehr böse mit mir, ich habe es nicht so gemeint!“

sich schon einmal Gedanken gemacht, was es bedeuten könnte, wenn sich ein Mensch am Kopf kratzt? Da kommen einem doch viele Möglichkeiten in den Kopf: Es könnte ihn beispielweise jucken, er könnte intensiv nachdenken, es könnte Unsicherheit sein. Denken Sie darüber nach, vielleicht fällt Ihnen ja noch mehr ein. Zur Anregung hier einige Beispiele.

Ein Mensch kratzt sich an der Nase:
Die Nase juckt.
Er lügt.
Es ist ihm etwas unangenehm.
Er schämt sich.

Ein Mensch schluckt:
Er hat etwas gegessen.
Er hat zuviel Speichel im Mund, welcher sich oft aus Verlegenheit oder auch aus Ergriffenheit bildet.
Er hat Halsweh.
Er hat Sodbrennen.
Ihm ist etwas unangenehm.
Er ist erstaunt.
Er ist erschrocken.

Ein Mensch gähnt:
Er ist müde.
Er ist überkonzentriert.
Er hat zuviel Sauerstoff.
Er hat zuwenig Sauerstoff.
Ihm ist langweilig.

Eine Frau streicht sich die Haare hinter ein Ohr:
Die Haare fallen ihr in dem Moment in die Augen.
Die Frisur war von ihr so vorgesehen, dass die Haare hinter den Ohren bleiben.
Die Haare versperren ihr die Sicht.
Sie ist verunsichert.
Sie flirtet.

Sehen Sie, was für feine Nuancen es da gibt? Da findet man -zig Varianten, aber dem Hund gesteht man nur eine Einzige ein: Er beschwichtigt.

Warum sollte ein Fleischfresser, ein Raubtier, ein Jäger ständig beschwichtigen? Sie werden in der Arbeit mit Ihrem Hund viele körpersprachliche Signale entdecken, viel Arten von Mimik und Gestik. Sie zu deuten, das wird Ihre Aufgabe.

Ihnen wird dabei einiges Auffallen. Zum Beispiel: Gähnen ist oft eine Übersprungshandlung, wenn er etwas nicht versteht, kann aber auch Zufriedenheit signalisieren. Und natürlich Müdigkeit.

Schlucken, Lecken und Schmatzen bedeutet sehr oft, dass er versteht, was Sie ihm in seiner Sprache sagen wollen. Das machen viele Hunde fast aus Erleichterung, weil sie ja ursprünglich gelernt haben, die Körpersprache der Menschen zu ignorieren, weil sie oft so widersprüchlich zum menschlichen Handeln bzw. Wollen ist. Merken sie, dass der Mensch plötzlich „hündisch" spricht, ist es fast ein erleichtertes Schlucken, Schmatzen und Lecken. Sie haben symbolisch etwas „verdaut". Bitte kommen Sie von diesem Märchen der Dauerbeschwichtigung ab! Sonst wäre jede Mensch-Hund-Begegnung ja wirklich traurig!

Angst

In diesem Kapitel geht es nicht um die Angst des Hundes, sondern um die Angst des Halters. Die Hauptangst der meisten Hundehalter ist die, dass der Hund wegläuft. Und so sind viele Hunde dazu verdonnert, Ihr Leben lang jeden Spaziergang an der Leine zu verbringen.

In unserer Gesellschaft wird das Sicherheitsdenken immer überspitzter, es werden immer mehr irrationale Ängste und Gefahren eingeredet. Machen Sie sich frei von Ängsten!

Das Überwinden dieser Ängste ist eine Aufgabe für sich. Es gibt keine Gebrauchsanweisung zur Überwindung dieser Ängste, aber ich kann Ihnen helfen, in Bezug auf Ihren Hund gelassener zu werden. Stellen Sie sich immer wieder bildlich vor, wie es wäre, wenn Ihr Hund frei und glücklich mit Ihnen mitläuft, wie sich seine Lebensqualität mit jedem freien Schritt, den er tun darf steigt. Wie glücklich er wäre, auf einer Wiese sausend Kreise ziehen zu dürfen, um sich und seinen Körper zu spüren, sich auszuprobieren – Hund sein zu dürfen.

Sie sprechen mit Ihrem Hund jetzt „hündisch“. Ihr Hund hat gelernt, dass er Ihnen zuhören kann, da Sie ab jetzt für ihn und nicht gegen ihn kommunizieren. Großartig! Jetzt lohnt es sich für ihn, Ihnen mehr Aufmerksamkeit zu schenken.

Um gemeinsam zu üben suchen Sie sich eine ruhige Stelle, am besten eine einsame Gegend, in der nicht viele Straßen sind. Falls Sie dorthin mit dem Auto fahren, lassen Sie Ihren Hund gelassen aussteigen, wie wir es gerade gelernt haben, und führen Sie ihn solange mit der Leine, bis Sie merken, dass Ihr Hund Ihnen wirklich zuhört. Stoppen Sie ihn, indem Sie sich entspannt vor ihn stellen, entspannen Sie sich und warten Sie seinen Blickkontakt ab. Loben Sie ihn leise, geben Sie ihm ein Leckerli, leinen Sie ihn ruhig ab, und treten Sie beiseite, um ihm damit den Weg frei zu machen. Auf keinen Fall: "Und jetzt LAUF!" rufen, damit fördern Sie die Spannung bei jedem Ableinen. An- und Ableinen sollte immer etwas Selbstverständliches und Ruhiges sein.

Dann gehen Sie los. Atmen Sie tief durch, und bedenken Sie immer wieder: Ihr Hund ist gerne bei Ihnen. Es ist kein wildes Tier, welches Sie gezähmt haben – Hunde schließen sich automatisch ihren Besitzern an.

Wenn der Hund nun ein paar Meter voraus gerannt ist, bleiben Sie einfach stehen. Was passiert? Entweder reißt es den Hund förmlich, und er macht eine Vollbremsung, da Hunde im Vergleich zu uns Menschen „Augen" im Rücken haben. Er wird sich daraufhin fragend zu ihnen umdrehen. Loben Sie ihn begeistert über die Distanz und rufen ihn zu sich. Dabei gehen Sie am besten in die Hocke, denn das wirkt auf die Hunde wesentlich einladender. Beim Abrufen im Stehen macht man häufig den Fehler, dass man versehentlich das Brustbein

Anina bleibt während des Spaziergangs einfach stehen – und ihre Hündin Lula dreht sich sofort um, um nichts zu verpassen. Jederzeit bereit, auch gleich zu ihr zu rennen.

in Richtung des Hundes positioniert. So kann er gar nicht kommen, selbst wenn er wollte, da Sie ihm in dem Moment zwei widersprüchliche Signale senden. BLEIB! Und KOMM!

Jetzt haben Sie den Beweis, dass Ihr Hund – auch wenn er Ihnen scheinbar den Rücken zugewendet hat – noch ganz mit der Aufmerksamkeit bei Ihnen ist. Freuen Sie sich, das ist wirklich super!

Die zweite Möglichkeit wäre, dass er langsamer wird, aber herumschnüffelt. Das ist schon mal toll, denn er hat gespürt, dass Sie stehengeblieben sind, aber er ist noch nicht so interessiert, dass er für Sie alles stehen- und liegenlassen würde. Bleiben Sie stehen, entspannen Sie sich. Warten Sie. Sobald er nur kurz zu Ihnen blickt, loben Sie ihn wieder auf die Distanz, rufen Sie ihn begeistert zu sich und veranstalten Sie noch während er zu Ihnen kommt das reinste Kasperltheater. Ihr Hund soll sehen: Bei Ihnen ist Party, bei Ihnen ist es so toll, bei Ihnen ist die beste Stimmung und ein Riesenspaß!

Ist er angekommen, geben Sie ihm ein Leckerli, verweilen Sie kurz in der Hocke vor ihm. Sehen Sie zu, dass Sie beide wieder entspannen, stehen Sie auf, treten Sie beiseite und lassen Sie ihn – wenn er möchte – vorbeilaufen und gehen Sie weiter.

Die dritte Möglichkeit ist nichts für schwache Gemüter, aber ziehen Sie es durch: Der Hund bemerkt es nicht, dass Sie stehen geblieben sind und läuft weiter. Ist weit und breit keine Gefahr, bleiben Sie weiter stehen, atmen Sie ruhig, ganz entspannt, halten Sie es so lange wie möglich aus. Wird Ihnen mulmig, dann rufen Sie ihn, so fröhlich und unbeschwert, wie Sie nur können. Spätestens jetzt sollte er kommen. Dabei machen Sie erst recht Fetz und Geburtstagsstimmung. Machen Sie sich zum Affen, während Ihr Hund auf Sie zugerannt kommt. Daher mein Rat, dies alles möglichst in einer einsamen Gegend zu üben. Es könnte ein bisschen peinlich werden. Auch hier, wenn er angekommen ist, ein Leckerchen füttern, aber bitte auf keinen Fall mit Leckerchen locken. Das Leckerchen soll einfach diese tolle Gemeinsamkeit, dieses Erlebnis noch mehr verschönern.

Es gibt natürlich noch diese Variante: Ihr Hund reagiert nicht auf Ihren Ruf. Sie rufen ein zweites Mal, noch fröhlicher, noch unbeschwerter. Signalisieren Sie ihm, dass ihm gerade echt eine Menge entgehen würde, wenn er jetzt nicht käme. Ist auch hier keine Gefahr in Sicht, aber er auf jeden Fall noch deutlich in Sichtweite, dann gehen Sie wieder zurück, wo Sie hergekommen sind. Und zwar ganz gelassen, aber sehr, sehr klar. Sie meinen es ernst. Er hat jetzt die Wahl. Und auch hier ist super Stimmung angesagt, wenn er sich für Sie entschieden hat. Eine gute Wahl!

Haben Sie Geduld, bleiben Sie ruhig. Und sollte er wirklich nicht kommen, weil ihn etwas so fasziniert hat, dann gehen Sie gelassen zu ihm hin, leinen ihn ganz emotionslos an, loben Sie ihn dafür leise und kurz, und gehen Sie gelassen zurück auf Ihren Weg. Es ist unglaublich wichtig, dass Sie in Zukunft beim Freilauf beachten, Ihren Hund immer verbal zu loben, wenn er im Gehfluss ist und sich zu Ihnen umdreht oder sogar stehenbleibt und sich zu Ihnen umdreht. Es ist ein ständiges sich Vergewissern, ob Sie noch da sind, und ob der Abstand in Ordnung ist. Sie sollten ihn aber nicht jedes Mal abrufen, das ist nur anfangs zum Üben, damit Sie Sicherheit und Routine bekommen.

Sie müssen lernen zu entscheiden, welcher Abstand noch in Ordnung ist. Und seien Sie dabei etwas großzügiger als Ihnen vielleicht erst einmal lieb ist. Das Sicherheitsdenken ist oftmals größer als es wirklich nötig ist.

Ich will Sie nicht zum Leichtsinn überreden, sondern zu Vertrauen. Jedes unnötige Abrufen nervt Ihren Hund, schafft eine angespannte Situation und macht für Sie beide den Freilauf zum Stress. Er soll seine Wege laufen dürfen, in Ruhe schnüffeln und markieren dürfen. Nur so ist Ihr Hund wirklich ausgelastet.

Schaffen Sie sich ruhig eine kurze Verschnaufpause, in dem Sie ein paar Meter zwischendurch wieder mit Leine gehen, und wenn Ihr Adrenalinspiegel wieder gesunken ist, dann lassen Sie ihn wieder frei laufen.

Demut

Bei allem, was wir mit dem Hund machen, mit ihm kommunizieren, ihm begegnen, mit ihm arbeiten, sollte ein gewisse innere Demut in uns vorhanden sein. Ich persönlich finde es immer wieder unbegreiflich, dass es da wirklich ein Tier gibt, welches sich freiwillig dem Menschen anschließt. Dies sollte man sich immer wieder vor Augen führen und das auch würdigen.

Individualraum

Jedes Lebewesen hat einen Individualraum.

Kennen Sie das: Jemand redet mit Ihnen und kommt Ihnen dabei näher, als Ihnen lieb ist. Sie können sich drehen und wenden wie Sie wollen, diese Person bleibt dran. Das ist sehr unangenehm, wenn ihnen diese Person nicht vertraut ist, aber auch nicht besonders schön, wenn es jemand Bekanntes ist. Selbst die Person, die Sie lieben, sollte nicht beim Reden mit 10cm Abstand an Ihrem Mund kleben. Es würde sich unangenehm anfühlen.

Stellen Sie sich, wenn Sie ihren Hund stoppen auch mit einem respektvollen Abstand vor Ihren Hund und nicht so dicht, dass seine Nase zwangsweise an Ihrem Knie klebt. Das ist auch dem Hund unangenehm. Ein Eindringen in den Individualbereich eines Hundes geschieht oft bei Besuch. Jeder Besucher will um jeden Preis den Hund kuscheln und knuddeln. Viele Hunde, vor allem Kleinhunde reagieren gerne irgendwann mit Schnappen darauf. Vor allem, wenn sie auf dem Arm oder dem Schoß des Besitzers sitzen und dieser so den Hund zum allgemeine Streicheln „freigibt“. Da wundern sich seltsamerweise immer viele Besitzer, warum der Hund plötzlich zum Beißer wird. So etwas ist wirklich respektlos dem Hund gegenüber. Gerade im Arm des Besitzers sollte er sich geborgen und behütet fühlen und eben nicht ausgesetzt.

Ganz schlimm auch Solche, die den Hund auf dem Arm anderen Hunden dicht hinhalten zum Beschnuppern. Das kann ganz böse ins Auge gehen, denn beide Hunde können ihren Individualraum nicht wahren und sich auch nicht zurückziehen.

Auch das Wuscheln und Knuddeln ist ein rüpelhaftes Eindringen in den Individualbereich. Es ist respektlos und distanzlos. Erstaunlicherweise wird kleinen Kindern immer beigebracht, wie man vorsichtig beim Tier „ei ei" macht und immer mit dem Strich, also der Wuchsrichtung des Felles streichelt, aber kaum ein Erwachsener streichelt so sein Tier.

Umgekehrt sollten Sie etwas feinfühlig bei Ihrem eigenen Individualraum sein. Haben Sie einen unsicheren Hund, lassen Sie bitte zu, dass er förmlich in Sie hereinkriecht. Bei Ihnen sucht er Schutz, und er braucht Ihren Körperkontakt und Ihre Körperwärme.

„Seufz! Bei dir fühle ich mich geborgen!"

So war Yvonnes Labrador Rufus üblicherweise. Sobald er einen Nebenbuhler sah, hing er laut bellend und wütend in der Leine und war nicht mehr ansprechbar. Da half kein Ziehen und kein Zerren.

Yvonne arbeitete an ihrer Ruhe und Gelassenheit und daran, nicht wütend zu werden – und nun ist sie für Rufus spannender als der Nebenbuhler. So soll es sein.

Leittier

schlafende Wolfswelpen

Bedenken Sie bitte immer wieder, vor allem in Hinblick auf die übliche Hundeerziehung: Ein Leittier hat nicht die Aufgabe, sein Rudel herumzukommandieren und ständig seinen Status zu behaupten. Ein Leittier hat die Aufgabe sein Rudel zu schützen und zu führen. Die Rudelmitglieder haben nicht die Absicht, vom Rudel wegzulaufen. Das Leittier ist das Tier, welches dem Rudel am meisten dient.

Deswegen ist es so wichtig, uns wie ein Leittier zu verhalten, so dass es für den Hund absolut logisch scheint, immer in unserer Nähe sein zu wollen. Und das ist unsere Aufgabe. Wir müssen dem Hund nicht beibringen, bei uns zu sein und „Bei Fuß" zu gehen, sondern wir müssen so an uns arbeiten, dass wir für den Hund lebensnotwendig und wichtig werden. Und dazu gehört das Zusammenspiel von Technik, Achtsamkeit und viel Herzenswärme. Sieht man sich einmal ein Leittier an, sei es aus einem Rudel (Fleischfresser) oder aus einer Herde (Pflanzenfresser), dann stellt man fest, dass es immer ein Leit- bzw. Alphatier gibt, in der Regel sind es sogar immer zwei, nämlich einen männlichen und einen weiblichen Part. In der Regel verpaaren sich bei den Fleischfressern nur die Ranghöchsten, bei den Pflanzenfressern das männliche Ranghöchste mit allen weiblichen Herdenmitgliedern, denn diese Tiere sind Beutetiere, und daher gilt es, so viele Nachkommen wie möglich zu zeugen um nicht auszusterben. Bei beutegreifenden Rudeltieren ist diese übertriebene Selektion sinnvoll, denn nur die Stärksten sollen Nachkommen zeugen, damit diese wiederum fähig sind, ein Rudel gut und sicher zu führen.

Diese Alphatiere dienen einzig und alleine dazu, das Rudel/die Herde zu führen und zu beschützen. Leider wollen die Menschen das bis heute nicht wahrhaben, denn in unserer Gesellschaft gibt es kein ranghohes „Tier“ welches zum Schutz und zur Sicherheit da ist, sondern nur Pseudoranghohe, denen man sich unterordnen muss, um in unserem System zu überleben. Und dies geben die Menschen so ihren Tieren weiter. Nach dem Motto: „Wenn ich schon den ganzen Tag zu funktionieren habe und mich rumkommandieren lassen muss, dann hat das mein Hund/Pferd gefälligst auch zu ertragen“.

Und so denkt man sich, dass das Leittier dazu da ist, gegen das eigene Rudel zu agieren, zu kämpfen, es zu gängeln und zu piesacken, zu erziehen und zu bestrafen.

Dass Rudel- bzw. Herdentiere im Prinzip hochsoziale Familientiere sind, vergessen die meisten dabei, bzw. ziehen auch keine vergleichenden Schlüsse, denn generationenübergreifende Großfamilien gibt es ja heutzutage auch kaum mehr.

Denkt man genauer darüber nach, dann wäre dieses sich ständige behaupten müssen ja absolut kontraproduktiv, denn das wäre Chaos, also totale Unordnung. Wie soll ein Verband zusammenhalten, wenn er sich gleichzeitig ständig bekämpft und das Leittier ständig aufs Neue seinen Posten festmachen muss?

Konkurrenz und Ellenbogenmentalität innerhalb einer Gruppe, vor allem innerhalb eines Rudels einer Herde ergibt keinen Sinn. Die Gruppe muss zusammenhalten gegen andere, die ihnen das Revier streitig machen, damit ungestörtes Vermehren stattfinden kann, damit für ausreichend Futter gesorgt ist.

Und zusammenhalten kann sie nur, wenn Harmonie im Rudel/ in der Herde herrscht. Harmonie kann man nicht erzwingen und schon gar nicht mit Gewalt, sei sie psychisch oder physisch.

Genauso ist es in einer Partnerschaft: Natürlich hinkt der Vergleich Mensch-Mensch und Mensch-Hund, doch auch in zwischenmenschlichen Beziehungen erreicht man mehr durch ein gelassenes freundliches Gespräch, indem man aufmerksam auf seinen Partner eingeht, als mit einer sturen Schimpftirade. Die Erkenntnis bleibt: Auch in Konfliktsituationen kann es uns helfen, mit einem tiefen HAHHHHH in den Bauch zu atmen, eine lockere und entspannte Haltung einzunehmen und erst einmal nichts zu wollen. Sich von etwas zu lösen ist manchmal der einzige Weg es zu erhalten!

Basiert eine Beziehung, eine Partnerschaft auf Vertrauen, dann benötigt sie keine Einschränkungen und Verbote. Und genauso ist es in der Beziehung mit einem Hund.

Seien Sie für Ihren Hund der Fels in der Brandung und nicht das Fähnlein im Winde.

Simone lächelt ihren Hund freundlich an – und der Hund lächelt freundlich zurück. Ganz einfach.

Gibt es launische Hunde?

Viele Besitzer beschreiben ihren Hund als stur, launisch oder bockig. Stellen Sie sich bitte mal ein Hunde- oder Wolfsrudel vor. Glauben Sie wirklich, dass so ein Rudel ein stures, launisches oder bockiges Rudelmitglied beinhaltet? Eine groteske Vorstellung, dass eben Jenes immer ein Stück zurückbleibt und sagt: "Ach, heute habe ich überhaupt keine Lust, beim Rudel zu bleiben, mir ist so gar nicht danach." Das wäre sein sicherer Tod, denn das Rudel sichert seinen Schutz und somit sein Überleben. Und Schutz ist bei unserem Hund unsere Aufgabe. Ihm dauerhaft zu vermitteln, dass wir für seinen Schutz und sein Überleben verantwortlich sind, und das Zusammensein mit uns für ihn einfach wirklich notwendig ist. Fazit: Handelt ein Hund stur oder bockig, glaubt er uns einfach nicht. Wir sind schuld, wenn er meint, er wäre alleine und auf sich gestellt sicherer als in unserer Anwesenheit. Wir haben uns so unklar verhalten, dass es für den Hund den Eindruck macht, als könnten wir kein Rudel führen. Und genau deswegen ist es unsere Aufgabe, unsere Hunde so von unseren Führungsqualitäten zu überzeugen, dass sie NIE auf die Idee kämen, diese anzuzweifeln, weil sie immer spüren sollen, dass wir für sie da sind.

Die Körpersprache des Hundes – die Körpersprache des Menschen

Ignoriert der Halter die Körpersprache des Hundes (und das tun leider sehr viele Hundebesitzer, weil sie dem Hund ihre Sprache aufzwingen wollen) verlernt der Hund immer mehr, mit dem Menschen zu kommunizieren, ja er verweigert sogar die Kommunikation, weil er merkt, dass dies völlig sinnlos ist. Traurigerweise sieht man in den Hundegesichtern solcher Hunde oft eine gewisse Resignation, auch wenn sie nach den gängigen Maßstäben „gut gehalten" werden.

Mittagspause

Viele Bewegungen der Menschen sind für die Hunde unverständlich, ja sogar bedrohlich, auch durch so etwas werden sie stumpf und abgeschaltet. Hektische Bewegungen, unklares Rumgefuchtel, auch Spontaneität, die wir Menschen vielleicht untereinander oft als lustig oder bereichernd finden, rufen bei einem Hund nur totale Verwirrung hervor. Viele solcher abgeschalteter Hunde sind oft im Rang niedriger als sie es sein sollten. Es ist unsere

Aufgabe als Halter auch unseren Hund psychisch zu heben. Aber wie können wir das tun, wenn wir selber nicht gerade mit Stolz und Selbstbewusstsein gesegnet sind?

Beobachten Sie sich mal selber beim Gehen. Gehen sie mit hängenden Schulter und gesenktem Blick, zusammengefallenen Schlüsselbeinen?

Geben Sie mal richtig an: Ziehen sie die Schulterblätter zusammen, richten Sie Ihr Brustbein zum Himmel und nehmen Sie die Nase ein Stückchen höher als üblich! Und das Ganze mit einer unbeschwerten aber stolzen Einstellung. Sie werden sehen, Ihr Hund wird sie dafür bewundern – und genauso laufen. Learning by imitating. Germany's next Topmodel.

Unser Ziel sollte nie sein, einen Vorzeigehund zu haben

bzw. mit ihm ins Vorführen zu kommen, sondern unser Ziel sollte sein, unseren Hund in seinem Stolz, seiner Psyche und seiner Würde zu fördern und innerhalb seines Ranges zu heben. Je stolzer ein Hund ist, desto gelassener wird er. Und desto glücklicher ist er.

Gewöhnen Sie sich immer mehr an, dass Sie leise sprechen, wenn Sie mit Ihrem Hund verbal kommunizieren. Im Laufe der Zeit wird Ihr Hund immer sensibler, immer feinfühliger. Er wird Ihnen immer mehr zuhören. Oft ist es schon das Einatmen vor dem Sprechen, das Ihren Hund wird aufhorchen lassen. Gerade draußen, wenn Sie irgendwo sind, wo Sie keine Ablenkung haben.

Sich zurücknehmen

Können Sie sich unter dem Begriff etwas vorstellen?

Sich innerlich zurückzunehmen bedeutet eigentlich nichts anderes, als gedanklich seine Emotionen „eine Gang runter zu schalten“. Dies ist gar nicht so einfach, wenn man in Aufruhr ist, wenn man in Rage kommt, wenn man unsicher wird, wütend, besorgt, in Anspannung und so weiter. Und sich in so einer Situation zurücknehmen zu können, ist schon eine wahre Kunst. Eines sollten Sie sich vergegenwärtigen: Lässt man negativen Emotionen freien Lauf, dann geht es einem danach nicht zwingend besser.

Stellen Sie sich vor, wie Sie alle negativen Emotionen, die vielleicht gerade in Ihnen hochkommen wollen, sei es Wut, Angst oder auch einfach zuviel Spannung durch Ihren Bauch wieder in sich zurücksaugen. Atmen Sie dabei deutlich unser bereits geprobtes Entspannungsatmen. Bitte verwechseln Sie dies nicht mit „etwas schlucken“.

Wenn dies der Hund wahrnimmt, wird es ihn sehr beeindrucken und seine Aufmerksamkeit und seine Bewunderung uns gegenüber steigern.

Bei allen Situation, in denen Sie im Zweifel sind, was Sie nun tun müssen, denken Sie immer: „Handeln Sie wie ein Leittier“.

Würde und Stolz

Jedes Tier hat Würde und Stolz. Leider ist es üblich, den Tieren diese beiden Attribute als Erstes zu nehmen. Ist es nicht eigentlich unsere Aufgabe, genau diese beiden Eigenschaften zu fördern?

Ist es nicht schöner mit einem glücklichen stolzen Tier eine Beziehung einzugehen, als mit einem gedemütigten, willenlosen Ein Tier das bedingungslos gehorcht, weil es eben muss? Weil es keine andere Wahl hat?

Klar kann man einem Hund alles beibringen. Aber ist es nicht viel erstrebenswerter, um seiner selbst Willen akzeptiert zu werden, um seiner selbst Willen geliebt zu werden und um seiner selbst Willen für den Hund unentbehrlich zu sein?

Üblicherweise wird einem Hund erwünschtes Verhalten beigebracht. Sie können ihm zum Beispiel beibringen, brav hinter Ihnen zu gehen, Sie können ihm sogar beibringen leise anstatt laut zu bellen. Im Sinne des Hundes ist das alles nicht. Denn wenn ein Hund außer sich ist, dann haben Sie keine Chance. Dann wird er alles Andressierte, alles Beigebrachte, alles Anerzogene vergessen und nur noch auf sich hören.

Überrumpelndes Kuscheln

Wir haben jetzt also gelernt, dass wir bei allen „Gefahren" uns immer zwischen unserem Hund und das Objekt begeben und dort durch das Ausstrahlen von Ruhe und Gelassenheit dem Hund Sicherheit vermitteln. Jetzt eine andere Situation, in der Hundehalter Probleme haben:

Besuch kommt, und wir haben einen Hund, der sich darüber unheimlich aufregt, bevorzugt, wenn der Besuch auch noch ein Mann ist.

Wie wir uns beim Klingeln verhalten, habe ich im ersten Band schon besprochen, hier aber noch mal im Detail: Es klingelt, Sie reagieren nicht abrupt und springen auf, sondern gehen sehr lässig zu Tür, ein lautloses HAAAAAAAHHHH beim Ausatmen lässt Sie automatisch noch gelassener zur Tür gehen. Ihr Hund ist bereits da und bellt wie wild. Sie drängeln sich immer noch gelassen zwischen Tür und Hund. Sie nehmen einen kleinen Bereich vor der Tür für sich ein mit dem Gedanken „Meine Tür". Ihr Brustbein ist zum Hund gerichtet, und Sie lassen ihn nicht an sich vorbeiflitschen.

Denken Sie, Ihr Hund sei ein Fußball, Sie müssen um jeden Preis „Ballkontakt" halten. Beruhigt er sich dann komplett, haben Sie jetzt die Möglichkeit, den Hund anzuleinen, was ich anfangs empfehlen würde, denn das erspart evtl. peinliche choreographieartige Bewegungen vor dem Gast. Drehen Sie ihm den Rücken zu und öffnen Sie die Türe. Halten Sie einfach den Hund hinter sich und gehen Sie dann ins Wohnzimmer und setzen sich auf die Couch. Den Hund mit drauf oder neben sich.

Solche „Besuchersituationen" sollten Sie unbedingt erst mal

So eng eingekuschelt kann einem gar nichts passieren!

mit Jemandem üben, so dass Sie auch die Zeit und die Muße haben, richtig und entspannt zu handeln. Sie werden sehen, nach drei, vier Durchgängen haben Sie gelernt, wie man in solchen Situationen gelassen handelt. Selbst wenn Ihr Helfer a la „Shining" mit der Axt die Tür einschlagen würde – es liegt immer an Ihnen, wie Ihr Hund dabei reagieren wird. Und dann müssen Sie sich nicht mal mehr zum Hund drehen. Sie gehen einfach zu Ihrer Tür und zwar so selbstverständlich, dass Ihr Hund Ihnen automatisch respektvoll weichen wird. Fängt der Hund bei jeder Bewegung des Besuches wieder an zu kläffen, dann empfehle ich das sogenannte „Zwangskuscheln". Und das empfehle ich auch Leuten, deren Hunde z.B. im Restaurant Probleme haben, wenn ein anderer Hund ins Lokal kommt.

Hier wäre das sich vor den Hund stellen ziemlich aufwändig und auch etwas peinlich. Das vor den Hund Stellen dient ja dazu, dem Hund zu zeigen, dass man präsent ist und um ihm auch mit dem eigenen Körper die Sicht zu nehmen, quasi nach dem Motto „Das interessiert Dich gar nicht" oder „Das geht nur mich an, das willst Du gar nicht sehen. Kuscheln Sie ihn. Ja, Sie haben richtig gelesen. Einfach über den Kopf beugen, sozusagen „unter die Fittiche nehmen“ und kuscheln. Eine Hand kann man dabei wie eine Scheuklappe verwenden. Man dringt zwar hier ziemlich in den Individualbereich ein, aber sehen Sie das bitte als Notfall, um ihn einfach aus dieser Situation, dieser Hysterie freundlich herauszureißen. Die Hunde sind darüber so verdutzt, geradezu erstaunt, dass sie ganz vergessen, dass sie sich doch gerade noch tierisch aufregen wollten. Man nimmt ihnen damit sozusagen den Wind aus den Segeln. Ein Schritt näher zur Gelassenheit.

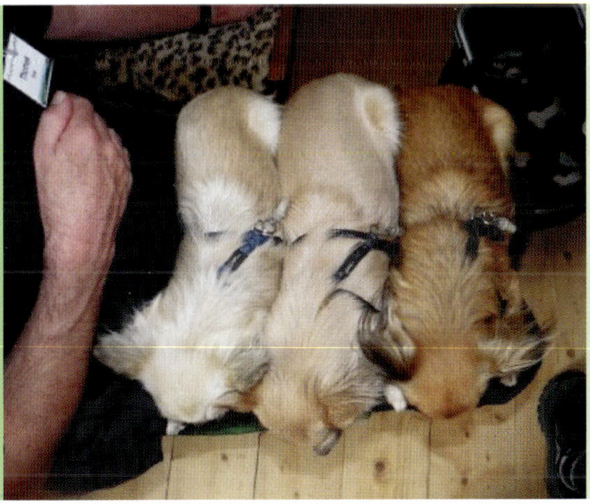

Tiefschlaf im Restaurant. Solange wir essen und verweilen, solange schlafen die Hunde entspannt auf dem Schoß meines Mannes. Sie wissen, dass einige Zeit nichts passieren wird, so schlummern sie, während wir essen.

Es ist angerichtet!

Viele Hundebesitzer fragen mich immer wieder, wie sie sich denn verhalten sollen, wenn Ihr Hund rumtobt wie ein Verrückter, sobald es ans Fressen geht. Da wird plötzlich doch wieder die alte SITZ!PLATZ!-Methode hervorgekramt oder der Hund mal wieder doch angeschrien. Denken Sie logisch! Erarbeiten Sie sich die Lösung selber! Überlegen Sie! Wie ist es im Rudel? Da hockt also der Chef am erlegten Reh und mampft rein, was rein geht. In schnellster und kürzester Zeit. In der Regel versuchen die Rangniedrigeren auch nicht, ihm das streitig zu machen, denn sein Überleben, sein Wohlergehen, seine Gesundheit ist dem Rudel natürlich wichtig. Respektvoll und sicherlich auch ziemlich neidisch sehen sie ihm zu. Dennoch: Es ist SEIN Futter, da gibt es nichts dran zu rütteln. Er hat es nicht nötig, es zu verteidigen und albern rumzuknurren. Es ist SEIN Futter. Er muss hier nicht den tollen Chef raushängen lassen. Es ist SEIN Futter.

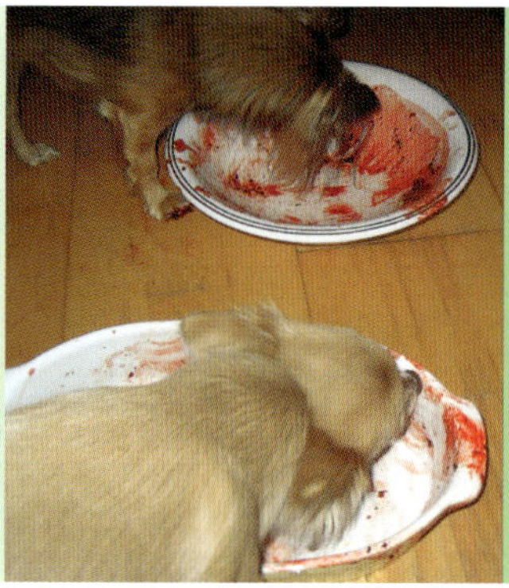

Blutige Mahlzeit

Lässt er die anderen SITZ! Oder PLATZ! machen? Nein, denn es ist SEIN Futter.

Gibt er ihnen erst etwas, wenn sie ruhig sind? Nein, denn es ist immer noch SEIN Futter. Er gibt es dann frei, wenn er satt ist, wenn es ihn nicht mehr interessiert. Und zwar völlig gelassen und einfach nebenbei ohne Aufhebens.

Also: Handeln Sie genauso! Solange Sie an den Futterschüsseln hantieren ist es IHR Futter. Solange Sie das Futter anrühren, das Fleisch und das Gemüse durch den Mixer jagen, ist es IHR Futter. Solange sie Tröpfchen oder Pülverchen reinrühren oder das Ganze noch mal auf die Waage stellen, ist es IHR Futter. Und selbst, wenn Sie es danach dann doch in einem Anfall von Hunger selber essen oder überhaupt sich selber Essen zubereiten und sich selbst servieren: Es ist IHR Futter! Und so behandeln Sie es. Sie bereiten das Futter oder Essen gelassen zu. Und dabei ist Ihnen egal, wie freudig, gierig, bettelnd, hungrig, stürmisch oder ungeduldig Ihr Hund oder Ihre Hunde rumtoben, und was für ein Theater Sie hinter Ihrem Rücken veranstalten.

Ihre Aufmerksamkeit ist beim Futter, denn es ist IHR Futter. Und dieses bereiten Sie in Ruhe und mit Muse zu. Denn es ist immer noch IHR Futter. Und wenn Sie dann fertig mit Zubereiten sind, drehen Sie sich gelassen um, und stellen den Hunden oder dem Hund sein Futter hin. Denn nun ist es SEIN Futter.

So einfach ist es.

Haben Sie mehrere Hunde, und Hund A frisst schneller als Hund B und ist im Begriff, dessen Mahlzeit noch mal schnell mit zu übernehmen...?

Moment! Es ist IHR Hund B! Lassen Sie Hund A einfach nicht hin. Es ist IHRE Mahlzeit! IHRE Haustüre! IHR Besuch! IHRE Autotüre! Egal was Sie in Ruhe gelassen haben möchten, „verteidigen“ Sie dieses einfach nur durch Ihre Ruhe und Ihre freundliche und gelassene Präsenz.

Schimpfen

Viele Hundehalter sind felsenfest davon überzeugt, dass es ohne Schimpfen einfach dennoch nicht geht.

Über Vergangenes zu reflektieren fällt ja sogar manchen Menschen schwer, wie soll es da ein Hund können!

Ein Bespiel: Labbi, Haupteigenschaft „verfressen sein“, klaut in einem unbemerkten Moment die Wurstsemmel vom Esstisch. Sie ertappen ihn auf frischer Tat und lassen eine Schimpftirade los. Sind Sie sich sicher, dass er seine Lektion gelernt hat und dies in Zukunft nicht mehr tun wird? Wie interpretiert der Hund das? Ich fresse und werde dafür geschimpft? Großes Fragezeichen. Wäre es nicht viel sinnvoller, Fressbares außer Reichweite zu bringen?

Katzenhaltern würde man so einen Tipp erst gar nicht geben brauchen, denn sie wissen wie man Schäden vermeidet, wenn man ein Tier besitzt, welches überall hinkommt. Also betreiben Sie Schadensbegrenzung. Richten Sie auch Ihre Wohnung hundesicher ein, genauso wie man sie kindersicher einrichtet.

„Der weiß ganz genau, dass er das nicht darf! Sehen Sie, wie schuldbewusst er schaut.“

Das ist Unsinn! Ein Tier kennt kein Schuldbewusstsein, keine Moral und keine Tabuzonen, denn es macht für ein Tier keinen Sinn, sonst würde es von Vornherein nicht so handeln. Es ist einfach nicht im Hundeprogramm enthalten. Schimpfen Sie den Hund, machen Sie sich höchstens zum rüpelnden mittelrangingen Deppen, der seinem Hund gegenüber einfach nur unklar und unhöflich ist. Ein Schritt weg vom unentbehrlichen klaren Leittier. Schimpfen ist unklar. Schimpfen ist unsouverän. Das was die Hundebesitzer bei seinem Hund in einem solchen Moment als schuldbewusst interpretieren, ist einfach eine Unterwerfungsgeste des Hundes, weil er spürt, dass Sie wütend sind. Warum sie das sind, das kann er nicht wissen. Er hat gefressen, das ist sein Instinkt. Und Sie sind dafür auf ihn wütend.

Bringen Sie es sich noch mal vor Augen: Würde Schimpfen Sinn machen, dann müsste doch daraus logischerweise eine dauerhafte Beseitigung des Problems folgen. Tut es aber nicht. Denken Sie das nächste Mal, wenn es gerade in Ihnen hochkocht darüber noch einmal nach. Der Hund lebt im Hier und Jetzt. Und das unterscheidet den Hund immens vom Menschen, der genauso in der Vergangenheit oder in der Zukunft leben kann, sich Gedanken machen kann und Rückschlüsse daraus ziehen kann.

Sozialverhalten

Der Hund stammt vom Wolf ab, und Wölfe sind hochsoziale Tiere.

Die Filme, die man immer wieder sieht von sich anknurrenden und zähnefletschenden dauerkämpfenden Wölfen, deren Verhalten sich viele Hundtrainern leider als Vorbild nehmen und als Freibrief für das Handgreiflichwerden, werden in der Regel aus Bequemlichkeit mit Gehegewölfen gedreht. Ein künstliches Wolfrudel bekämpft sich leider wirklich, das ist so. Der Wolf ist ein Familientier. Das Rudel ist ein wunderbares soziales Gefüge. Und wie ich schon vorher schrieb: Ein Rudel hält zusammen und kämpft nicht gegeneinander. Das wäre ziemlich kontraproduktiv, wenn so ein Rudel ständig damit beschäftigt wäre, interne Zwistigkeiten auszutragen, anstatt sich aufs Wesentliche zu konzentrieren und zusammenzuhalten. Ein Rudel ist ein Miteinander, kein Gegeneinander. Ein Rudel hält zusammen, eine Herde (im Vergleich zu Rudel, welche Fleischfresser sind, beinhaltet eine Herde Pflanzenfresser) hält zusammen, ein Fischschwarm hält zusammen. Ziel von Gruppentieren im Vergleich zu Einzelgängern ist einfach nur, sich zu vermehren und sich vor Feinden zu schützen, nicht sich zu bekämpfen. Es gibt einen Chef und eine Chefin, die Chefin führt, der Chef sichert ab. Kommen die männlichen Nachkommen in die Pubertät und wollen erproben, ob sie nicht die Führung übernehmen könnten, dann gibt es Kämpfe – und die sind blutig und enden mit dem Rauswurf des Rüpels, aber nicht aus Strafe, sondern um Inzucht zu vermeiden. Das Halbwissen über Rudeltiere nehmen sich dann die meisten Hundetrainer zum Vorbild, um zu strafen - psychisch und physisch. Und sagen dann, sie würden handeln wie ein Leittier.

Handeln Sie wie ein Leittier, aber vergessen Sie dabei nicht: Wir sind eben keine Hunde, sondern Menschen. Hunde senden einander so viele kleine ständige Signale, die zu deuten wir nicht annähernd fähig sind. Würden wir 1:1 wie ein Tier handeln, müssten wir den Hunden auch zur Begrüßung am Po schnuppern. Also schauen Sie sich die positiven Eigenschaften eines Leittieres ab. Und kombinieren Sie diese mit unserer menschlichen Intelligenz auf freundliche Art und Weise.

Sinnsprüche und Mottos

„Der Hund, der beste Freund des Menschen" – aber ist der Mensch auch der beste Freund des Hundes? Benimmt er sich tatsächlich wie der beste Freund des Hundes? Haben Sie einen besten Freund/ eine beste Freundin? Benehmen Sie sich ihm/ihr gegenüber wie Ihrem Hund?

„Der Hund liebt den Besitzer bedingungslos".
Liebt der Mensch seinen Hund bedingungslos? Oder hat der Hund eine Menge Kriterien zu erfüllen, bevor er sich überhaupt der beste Freund des Menschen nennen darf? Er hat zu gehorchen, er hat zu funktionieren, er hat zu parieren. Muss Ihr Partner auch gehorchen, funktionieren, parieren? Muss er sie bedingungslos lieben? Muss Ihr bester Freund gehorchen, funktionieren, parieren? Als ehemalige Fo-

rumsbetreiberin fällt mir immer wieder auf, dass die Forumsuser die Signaturfunktion ihres Profils nutzen, um nicht nur ihren richtigen Namen, der meistens nicht der sogenannte Username ist einzusetzen, zudem den Ihres Hundes (oft noch bizarrerweise mit einem Negativ-Attribut, wie z.B. Zicke, Stinker oder Diva), sondern auch noch ein kleines Sinnsprüchlein.

Dieses lautet gerne „Ein Leben ohne Hund ist machbar aber sinnlos", wobei da der Autor bei jedem User unverständlicherweise anders lautet (hier zur Richtigstellung: es war Lo-

riot und der Spruch handelte eigentlich von Möpsen).

„Ein Hund ist ein Herz auf vier Pfoten" oder „Mit einem Schwanzwedeln kann ein Hund mehr ausdrücken als ein Mensch mit einem Lächeln" oder „Eine kalte Hundeschnauze ist nichts gegen die Kaltschnäuzigkeit mancher Menschen" oder „Im tiefen Kummer fließen von der stillen hingebungsvollen Kameradschaft eines Hundes Kräfte zu, die einem keine andere Quelle spendet" oder „Der Hund ist das einzige Wesen auf Erden, das Dich mehr liebt als sich".

Und so weiter. Worauf ich hinaus will: Diese ganzen Sprüche sind immer ein einziges Nehmen und Benutzen des Hundes. Der Hund hat fröhlich zu sein, der Hund hat mich zu lieben, der Hund hat immer zu gehorchen und zwar widerspruchslos. Das typische Devote eines Hundes wird schamlos ausgenutzt. Es wird als Selbstverständlichkeit gewertet, dass der Hund ohne den Wunsch nach Gegenleistung den Menschen zu lieben hat. Ein Dank dafür wird nie erwähnt.

Man kann den Hund behandeln wie man will, er liebt einen trotzdem, wozu also sich um eine liebevolle Bindung kümmern?

Wo bleibt das Geben? Ist es bereits das Bieten eines überdachten Heimes, die Rettung aus dem Tierheim, das Hinstellen von Futter und das tägliche Gassigehen? Wo bleibt der Dank? Es ist nicht das Lob für ein „SITZ“ oder das zwischendurch hingeschobene Leckerli. Es sollte das sich Einlassen auf das Tier sein, der Respekt und die Demut.

Den Hund wahrnehmen und sein wahres Wesen erkennen, das alleine ist schon eine Aufgabe für sich. Kommen wir jedoch in die Demut, offenbart sich der Hund sehr schnell.

Traurig für den, der das nicht erkennt oder nicht wahrhaben will. Solange man meint, einen Hund zum Funktionieren bringen zu müssen, geht dies nur über das System Strafe – Belohnung, sei es noch so als gewaltfrei tituliert, es hat immer etwas mit dem Brechen des Willens zu tun.

Ehrgeiz, Vorführen, Funktionieren ist genau das Gegenteil einer tiefen, innigen, harmonischen und vertrauensvollen Beziehung.

Wer sich seinen Hund zum Untertan macht wird nie sein wahres Wesen erkennen. Er wird sich hüten, sich dem Menschen zu offenbaren, denn zu groß sind die Zweifel, dass der Mensch diese Offenbarungen wieder gegen den Hund verwenden wird. Ein Leittier verlangt kein SITZ! PLATZ! BEI FUSS! Und bestraft auch ein Weglaufen eines Rudelmitgliedes nicht. Ganz im Gegenteil: Die Rudelmitglieder sind darauf angewiesen, in der Nähe des Alphatieres zu sein, es ist für sie lebensnotwendig. Ein Rudelmitglied läuft nicht weg, es will beim Rudel bleiben. Deswegen ist es unsinnig, sich als menschliches Alphatier GEGEN den Hund zu verhalten. Und so klappt das Abrufen nur dann zuverlässig, wenn es dem Hund ein tiefes inneres Bedürfnis ist, immer bei Ihnen zu sein. Und das müssen wiederum SIE sich erarbeiten und nicht Ihrem Hund beibringen.

Es ist nicht die Aufgabe des Hundes den Menschen zu beschützen, sondern es ist Aufgabe des Menschen, den Hund zu beschützen.

Grundgehorsam

Lassen Sie sich dieses Wort auf der Zunge zergehen.

Eine Userin in meinem ehemaligen Forum erzählte, dass sie eine ganz schöne Beziehung zu ihrem Welpen hat, doch jetzt will sie ihm Grundgehorsam beibringen. Ich fragte sie, ob er denn ungehorsam sei, worauf sie antwortete, dass er das ja schlecht sein kann, wenn er noch keinen Gehorsam gelernt hat. Was für ein verqueres Denken!

Grundgehorsam statt Bindung, statt inniger Beziehung. Gehorsam schließt definitiv eine Beziehung und eine Bindung, die auf Vertrauen beruht aus. Gehorsam bedeutet: Ungeachtet des Befinden des Hundes von diesem Dinge zu verlangen, die im Rudel nie vorkommen würden. Und dies in der Regel auch ohne wirklichen Grund, sondern einfach nur „weil man es so macht".

In der üblichen Hundeerziehung werden Hunde desensibilisiert.

Das bedeutet: Sie haben nicht zu bellen, sie dürfen keine freien Entscheidungen fällen, demzufolge sollen sie auf nichts reagieren.

Sensibilisieren – Desensibilisieren

In meiner Arbeit mit den Hunden sollen die Hunde sensibilisiert werden, also genau das Gegenteil. Wir wollen geistig rege und wachsame Hunde. Denn nur so kann eine wirkliche Kommunikation stattfinden. Je sensibler sie sind, desto besser hören sie einem zu. Desto feiner nehmen sie die kleinsten Bewegungen und Signale auf und setzen sie um.

Vom Hund lernen

Immer wieder höre ich von Kunden: „Jetzt hat er es gelernt“. Nein! Der Hund soll gar nichts lernen.

Er soll nur die Erfahrung machen, dass er Ihnen endlich zuhören kann, weil Sie gelernt haben, mit ihm in seiner Sprache zu sprechen. Sie werden mit der Zeit so wachsam und achtsam, so souverän und klar, dass Sie dem Hund zeigen können, dass Sie für ihn da sind, dass Sie für seinen Schutz zuständig sind. Sie sollen durch die Reaktionen Ihres Hundes lernen. ER ist Ihr Lehrer, nicht Sie der Seine.

Ein Hund kann alles. Sie sollen so sensibel werden, dass Ihr Lehrer Hund Ihnen durch seine Reaktionen zeigen kann, ob Sie sich richtig ausgedrückt haben oder nicht. Und das zu erkennen hat wiederum etwas mit Demut zu tun. Wir sollten anstreben, ein Tier zu haben mit dem und durch das wir die Natur neu erleben und genießen dürfen.

Nicht der Mensch sollte der Lehrer des Hundes sein – Die Hunde sind die Lehrer des Menschen.

Warum Katzenmenschen die besseren Hundehalter sind

Es gibt bei Menschen häufig die 2 Fraktionen: Die Katzenmenschen und die Hundemenschen. Glaubenskriege werden da geführt.

Die Katzenmenschen schwärmen von der Eleganz der Katze, ihrer Selbstständigkeit, dass man sich ihre Liebe hart erarbeiten muss und bezeichnen sich selber selbstironisch als „Dosenöffner", sozusagen die Sklaven ihrer Katze.

Hundemenschen bezeichnen hingegen die Katzen als falsch, egoistisch, grausam und schwärmen von der bedingungslosen Treue und Liebe ihres Hundes. Die sie wiederum gerne ausnützen.

Katzen sind faszinierende Tiere. Sie sind nie ganz zu durchschauen, geheimnisvoll, unergründlich. Legt man sich eine Katze zu, muss man mit äußerster Vorsicht vorgehen, um ihre Freundschaft zu bekommen und zu erhalten. Wachsamkeit und Achtsamkeit sind oberstes Gebot, um nicht eine schmerzhafte Ohrfeige zu bekommen oder sich eine Bissverletzung zuzuziehen, die tatsächlich schwerwiegendere Folgen im Vergleich zu einem Hundebiss haben können.

Eine falsche Bewegung, eine Berührung, die der Katze nicht gefällt, und man ist schon fällig. So lernt der Besitzer nach und nach schon aus Eigenschutz, wie er seine Katze behandeln muss, damit sie zumindest gnädig gestimmt ist, und er das Zusammensein unbeschadet genießen kann. Dazu muss er auch noch lernen, was für eine Art Tagesablauf seine Katze gerne wünscht, was ihre konkreten Essenswünsche sind und dass sie bestimmt, wann wie wo und warum sie sich am liebsten aufhält. Durch penetrantes Schreien, Miauen und Maunzen erzieht sie den Besitzer zum Gehorsam, damit er sich nicht belästigt fühlt. Als Dank hält sie sich gerne bei ihm auf und erfreut ihn durch lautes Schnurren.

Der Mensch ist glücklich und stolz darauf, dass er eine enge Beziehung zu seiner Katze hat. Blinzelt er ihr zu, blinzelt sie zurück.

Kaum ein Katzenbesitzer, der diese Geschichte nicht jedem – ob er es hören will oder nicht – erzählt. Er kann sie rufen, wenn sie draußen ist, und sie kommt. Wie stolz ist man dann! Viele Katzen gehen auch mit ihren Menschen, wenn sie außer Haus gehen ein Stückchen mit – wie ein Hund. Das ist eine unglaubliche Ehre und ein großes Kompliment an den Besitzer. Darauf kann er mit Recht sehr stolz sein.

Nicht ohne Stolz möchte ich bei der Gelegenheit anmerken, dass meine Katze Kimba mit großer Vorliebe mitten in meinen Rudel mit über die Felder streift und in den Wald mitgeht. Voller Glück und Lebensfreude. Als sie das das erste Mal tat, war ich wirklich überwältigt.

Und dies alles ganz ohne „Erziehung", ohne Üben und ohne Strafe. Ist das nicht faszinierend? So haben Katzenmenschen schon mal fürs Leben eine Menge gelernt. Man muss sich bei einem Tier einschmeicheln, sanft sein und bleiben, freundlich sein, mit netter Stimme mit dem Tier reden.

Solche Menschen gehen in der Regel fast ebenso an den Hund ran. Denn sie haben eine ganz wichtige Sache gelernt: ***RESPEKT***

Vertrauen & Gehorsam – das eine schliesst das andere aus!

Ein Hund, der absoluten Gehorsam gelernt hat, der Unterordnung gelernt hat, der sich unterwirft bei jeder geforderten Gelegenheit, hat nicht unbedingt Vertrauen zu seinem Besitzer. Ich gehe sogar so weit, dass ein Hund, der bedingungslos gehorcht, seinem Besitzer gar nicht vertrauen kann, denn dieses Vertrauen wird im gleiche Maße zerstört, wie der Gehorsam gefordert wird. Gehorsam kann nur durch das Brechen des Willens geschehen, denn Eigenständigkeit, Sensibilität und Stolz haben bei absolutem Gehorsam nichts zu suchen.

Woher kommt der Drang von fast jedem Hundebesitzer, seinen Hund unterwerfen zu wollen? Weil man es so macht, weil es mal irgendwo so stand? Was gibt es einem für ein Gefühl, ein Tier zu unterwerfen? Macht? Erregung? Größe? Stärke? Oder gar Rache für das eigene Leben, die Rolle, die man selber in der Arbeitswelt innehat?

Warum kam noch kein Katzenbesitzer auf die Idee, seine Katze zu unterwerfen?

Wieso fällt es Katzenbesitzern so leicht, mit ihrem Tier ein so harmonisches Miteinander zu schaffen? Warum können Katzenbesitzer darüber lachen, dass sie sich von ihrer Katze tyrannisieren lassen. Warum sind sie sogar stolz darauf?

**Beziehung statt Erziehung:
Der Hund ist der beste Freund des Menschen, und genauso wird er in meiner Arbeit voller Respekt behandelt.**

Weil sie in dem Moment eins mit einem Tier sind. Weil sie mit ihrem Tier kommunizieren müssen.

Sonst würde die Katze ihren „Dosenöffner" links liegen lassen. Die Achtung einer Katze, die ja noch dazu kein Rudeltier ist, muss man sich hart erarbeiten. Die Liebe eines Hundes nicht. Die kann man mit Füßen treten – und das scheint den meisten viel bequemer zu sein.

Das Zusammenleben mit einer Katze fällt den Katzenmenschen so leicht, weil sie etwas ganz Wichtiges gelernt und akzeptiert haben: Respekt vor dem Tier. Je weniger Sie schreien, schimpfen, drohen, wütend oder lauter werden, desto feiner wird Ihr Hund werden, desto besser wird er Ihnen zuhören. Jeder vermeintliche „Fehler", den Ihr Hund macht, jeder vermeintliche „Ungehorsam" ist ein vorausgegangener Fehler Ihrerseits in der Kommunikation mit dem Hund.

Also bevor Sie das nächste Mal wütend werden oder Ihren Hund ausschimpfen oder hysterisch NEIN! schreien gehen Sie lieber in sich und überlegen, wo Sie sich unklar und unlogisch verhalten haben, dass es zu diesem Missverständnis gekommen ist.

Sie können Ihren Hund mit Angst, Schrecken, Gewalt, Disziplin, Unterwerfung, körperlichem oder psychischem Druck zu allem bringen, ihn zum perfekt funktionierenden Hund abrichten, aber sein Vertrauen werden Sie so NIE bekommen.

Ein Hund ist immer ehrlich, wenn wir bereit sind, genau hinzusehen. Er gibt uns die Chance uns positiv weiterzuentwickeln und unseren Horizont zu erweitern. Ein Hund folgt nur dem, zu dem er aufblicken kann.

Abbruchsignale

In meinem ehemaligen Forum schrieb eine Userin, dass das mit dem Führen überhaupt nicht klappt, aber sie jetzt eine super Lösung gefunden hat: Das Abbruchsignal: Bevor sie den Ausfallschritt vor dem Hund macht verwendet sie ein akustisches Signal (kscht), und wenn der Hund nicht reagiert, dann eine Verstärkung, indem sie mit der gespreizten Hand vor dem Gesicht den Hund zurückzischt auf seine Position. Sie war ganz begeistert, wie schnell das „funktioniert".

Ob „Kscht", Wurfkette, Disc oder Sprühhalsband bis hin zum Stromhalsband, dies alles dient zur Einschüchterung oder dem Erschrecken des Hundes. Damit wird dem Hund gezeigt: "Gehorche, oder es wird unangenehm." Die klassische Erziehungsmethode. Natürlich funktioniert sie. Sehr schnell sogar. Der Hund wird ruckzuck konditioniert. Und weiß ab sofort, wie die Regeln sind, was alles falsch ist, was er alles darf und was er nicht darf. Und so schaffen Sie es in kürzester Zeit einen absoluten Vorzeigehund zu kreieren.

Einerseits wird der Hund mit Utschigutschiduditikitakibussibussischmusi niedergeknutscht, im nächsten Moment bekommt dann aber der über alles geliebte Utschigutschiduditikitakibussibussischmusi mal eben im Auto die Plastikflasche auf die Transportbox geknallt, weil er bellt. Auch diese Methode wird von Hundehaltern praktiziert und soll „entspannen und Vertrauen schaffen".

Solche Hunde – und das garantiere ich Ihnen – werden

Ihnen im Ernstfall in aller Deutlichkeit zeigen: „Und DU bist es nicht!“ Was ich persönlich mehrfach miterleben durfte.

Solche gemaßregelten Hunde werden gerne aggressiv, mobben schwächere Hunde und lassen sich, wenn sie mal richtig im Kläffwahn sind, durch nichts mehr beruhigen, können nur in einer geschlossenen Box ins Restaurant und nur mit nachschleifender Schleppleine überhaupt den Freilauf genießen. Da ist kein Vertrauen mehr zum Besitzer. Mit jeder dieser Handlungen zerstören Sie das feine Band, das sich zwischen Ihnen und ihrem Hund gesponnen hatte.

Mit jedem Abbruchsignal, sei es ein Anzischen, ein Werfen von Discs, Schepperdosen oder Wurfketten, ein gebrülltes NEIN!, ein Sprühhalsband oder was sonst noch so auf dem Markt ist, zerstören Sie

das Vertrauen zwischen Ihnen und Ihrem Hund. Aus der Kommunikation wird ein Regelwerk, dem sich der Hund (und auch Sie) ohne Wenn und Aber zu fügen hat. Egal ob er es versteht oder nicht. Und das ist das Problem: Er versteht es eben nicht. Es scheint für den Hund sehr willkürlich, wenn dieses Abbruchsignal gemacht wird – und ergibt für ihn keinen Sinn. Denn es ist nicht FÜR ihn, sondern GEGEN ihn. Nie im Leben wird er sich Ihnen wirklich hingeben, Ihnen nie wirklich vertrauen. Da können Sie noch so viel Streicheleinheiten, Leckerlis und Kosenamen geben für all das was er „richtig" macht. Sie haben einen Hund geschaffen, der Ihnen bedingungslos gehorcht und nichts mehr hinterfragt. Weil er es nicht darf.

Der Hund muss bei solchen „Abbruchsignalen" im Prinzip nur darunter leiden, dass der Mensch sich im Vorfeld einfach nicht klar genug ausgedrückt hat. Und dieses „Ausdrücken" bedeutet nicht, dass er im Vorfeld mehr Regeln hätte aufstellen müssen, sondern dass er sich im Vorfeld hätte klarer präsentieren müssen. Klarer im Sinne von wie toll er ist und nicht, wie streng er ist.

Da wird nach der Aussage einer Hundetrainerin vom Hund verlangt, er solle gefälligst rückwärts denken. Ist es nicht die Aufgabe des Menschen rückwärts zu denken?

Schade, dass diese Abbruchsignale, allem voran das momentan ganz hippe, angeblich gewaltfreie „kscht" – (früher hieß es „kusch!", da wurde noch kein großes Aufhebens darum gemacht) scheinbar selbst bei den ganzen „Hundeflüsterern" unersetzlich sind. Alle sind der Meinung, dass es ohne nicht geht. Ist das Hundeflüstern oder doch wieder die ganz normale klassische Erziehungsmethode? Es heißt, das „kscht“ würde auf den Hund wie Anknurren wirken. Ja um Himmels Willen, warum soll ich denn bitte meinen Hund anknurren? Wir sind immer noch Menschen und keine Hunde. Selbst wenn ein ranghoher Hund, der ein wirklicher Chef ist, mal einen andern im Rudel anknurrt, dann ist das für die Rudelmitglieder schlüssig, denn er hat trotzdem ihr Vertrauen und ihren Respekt – aber doch bitte nicht ich als Mensch, der sich gerade versucht, halbwegs cheffig durch Klarheit, Souveränität, innerer Stärke und Güte zu benehmen. Damit mache ich wirklich alles wieder kaputt.

Und so werden die Hunde von den neuen Hundeflüsterern für TV-Shows publikumswirksam angezischt, nicht ohne vorher ausgiebig angestachelt zu werden, ein „Fehlverhalten“ zu zeigen, für das man sie dann maßregeln kann.

Alles unter dem Deckmäntelchen, dass im Rudel ja auch gemaßregelt wird. Regelrecht vorgeführt werden diese Hunde. Das Argument der Hundehalter, die neuerdings ihre Hunde anzischen ist, dass der Hund eben Regeln braucht.

Braucht ein Hund wirklich von Menschen erfundene Regeln? Oder nicht doch lieber ein Vorbild, welches ihn sicher durch die Menschenwelt führt?

Zum Geleit

Zum Schluss komme ich nochmals zurück zu der Bedeutung von Partnerschaft.

Würden Sie Ihrem Partner bedingungslos vertrauen, sich ihm voll und ganz hingeben, wenn er Ihr Leben kontrollieren würde? Ihnen ein Regelwerk für Ihre Partnerschaft aufstellen würde, an das Sie sich zu halten haben? In gewissen Religionen, die wir hier hierzulande doch so eifrig kritisieren, da gibt es so etwas noch. Meinem Partner gebe ich mich doch nur dann hin, wenn ich ihm vertrauen kann. Und vertrauen kann ich ihm, wenn er für mich da ist. Meine Sorgen und Nöte erkennt und sie wahrnimmt, sie ernst nimmt. Ich kann mich in seiner Gegenwart fallen lassen, weil ich ihm vertraue. Und ich vertraue ihm, weil ich weiß, dass er immer für mich da ist. Ich gebe mich ihm hin, weil ich weiß, dass er dieses Vertrauen nicht missbrauchen wird, weil wir gegenseitige Achtsamkeit gelernt haben. Weil wir gelernt haben, uns nicht gegenseitig zu verletzen. Weil wir gelernt haben, den anderen ernst zu nehmen, seine Wünsche zu respektieren, ihm seine Freiheit zu lassen, um ihm zu zeigen, dass wir ihm vertrauen, dass er diese Freiheit nicht ausnützt – weil er letztendlich gar nicht den Wunsch hat, diese auszunutzen.

Zum Abschluss möchte ich nochmals auf die eingangs erwähnte Kreativität eingehen: Seien Sie kreativ und bleiben Sie kreativ.

Ich konnte Ihnen in diesem Buch nur Ideen und das Handwerkszeug geben, machen Sie ihr Eigenes daraus. Sprechen Sie mit Ihrem Hund Ihre Sprache, Ihren Dialekt. Seien Sie konsequent, gelassen und kreativ. Hören Sie ihm zu, hören Sie hin.

Und bedenken Sie
bei alldem immer wieder:
DER WEG IST DAS ZIEL

Impressum
Umschlaggestaltung: steph.burlefinger@mac.com
Umschlagfotos: Andrea Schick-Zech, T. Burlefinger

Eva Windisch
Mit Hunden sein II
Philosophie und Technik
Ippikon Verlag, Moringen/Oldenrode, 2012
ISBN 978-3-9814711-5-1

ISBN 978-3-9814711-5-1

Layout & Illustrationen: steph.burlefinger@mac.com
Druck: Media-Print Informationstechnologie GmbH, 33100 Paderborn

www.mithundensein.de

Bildnachweis
S. 13 Rita Thielen, pixelio.de
S. 83, 117 Uschi Dreiucker, pixelio.de
S. 88 Ulrike Thomas
S. 95 Carolin Scholz
S. 103 Marcus, pixelio.de
S. 104 Ruth Rudolph, pixelio.de
S. 115 Heiko Klasing, pixelio.de
alle übrigen: E. Windisch & T. Burlefinger

Quellennachweis:
S. 43 PETA Bericht - mehr unter www.peta.de